U0058313

凍派聖經

TERRINES

PÂTÉS EN CROÛTE, RILLETTES, CHARCUTERIES…

酥皮肉派、熟肉醬、抹醬、熟食冷肉⋯

系列名稱 / 大師系列

書　　名 / TERRINES 凍派聖經：酥皮肉派、熟肉醬、抹醬、熟食冷肉…

作　　者 / 巴黎斐杭狄FERRANDI 法國高等廚藝學校

出版者 / 大境文化事業有限公司

發行人 / 趙天德

總編輯 / 車東蔚

文　　編 / 編輯部

美　　編 / R.C. Work Shop

翻　　譯 / 林惠敏

地址 / 台北市雨聲街77號1樓

TEL / (02)2838-7996

FAX / (02)2836-0028

初版/ 2024年1月

定　　價 / 新台幣 1480元

ISBN / 9786269650873

書　　號 / Master 23

讀者專線 / (02)2836-0069

www.ecook.com.tw

E-mail / service@ecook.com.tw

劃撥帳號 / 19260956大境文化事業有限公司

Originally published in French as TERRINES:PÂTÉS EN CROÛTE, RILLETTES, CHARCUTERIES…
© Flammarion, S.A., Paris, 2022
All rights reserved. Complex Chinese edition arranged through Flammarion.

Coordination FERRANDI Paris : Audrey Janet
Chefs FERRANDI Paris : Marc Alès (MOF 2000),
Stéphane Jakic et Frédéric Lesourd
Étudiants FERRANDI Paris : Igor Tauber et Dionysis Dimitroulis

Département Art de vivre
Direction éditoriale : Ronite Tubiana
Édition : Clélia Ozier-Lafontaine assistée de Marie Poulain
Collaboration rédactionnelle : Estérelle Payany
Conception graphique et mise en pages : Alice Leroy
Relecture : Sylvie Rouge-Pullon

國家圖書館出版品預行編目資料

TERRINES 凍派聖經：酥皮肉派、熟肉醬、抹醬、熟食冷肉…

巴黎斐杭狄FERRANDI法國高等廚藝學校 著.--初版.--臺北市

大境文化，2024　288面；22×28公分.

（MASTER：M23）

ISBN 9786269650873（精裝）

1.CST：肉類食譜　　2.CST：烹飪

427.2　　　　112022057

FERRANDI

PARIS

凍派聖經

TERRINES

PÂTÉS EN CROÛTE, RILLETTES, CHARCUTERIES…

酥皮肉派、熟肉醬、抹醬、熟食冷肉…

精彩絕倫的
熟食冷肉烹飪課程

Photographies de Rina Nurra

大境文化

ÉDITO
編者的話

一百多年來，FERRANDI Paris 巴黎斐杭狄教授所有的料理學科。繼料理和糕點的專門書籍之後，我們想分享在巧克力、蔬菜和水果等特定主題上的專業知識。如今則輪到潛藏著創意和技術寶藏的Charcuteries熟食冷肉。無論是使用肉、魚還是蔬菜，製成Pâtés en croûte酥皮肉派或是Rillettes熟肉醬的形式，Terrines凍派都已恢復了昔日的光采，並在美食餐廳中佔有一席之地，是本校教師們致力復興的料理傳承。

本校教學法的核心，包括學習傳統兼具創意創新的技能與概念。這種微妙的平衡源自於我們與業界保持聯繫，這也使本校成為此領域的模範機構。

這就是為何本書不僅涵蓋食譜，還包括許多基本技術和寶貴建議的原因，對於不論是想在家、或在專業環境中探索這迷人主題的朋友們來說，都非常實用。

我衷心感謝FERRANDI Paris 巴黎斐杭狄的大家，協助打造了這本著作，尤其是負責協調的奧黛‧珍妮Audrey Janet，以及馬克‧阿萊Marc Alès，2000年MOF法國最佳職人－史蒂芬‧賈基Stéphane Jakic和費德烈克‧萊蘇Frédéric Lesourd，他們致力於傳授知識，而且懂得如何結合技術與創意來展示製作這些Charcuteries熟食冷肉的無限豐富性。

Richard Ginioux 理查‧吉努伊
巴黎斐杭狄法國高等廚藝學校校長

SOMMAIRE 目錄

INTRODUCTION

FERRANDI Paris
en bref 巴黎斐杭狄簡介

在法國國內外的料理、烘焙、團隊管理、經營和開發飯店或餐廳等技能都是FERRANDI Paris 巴黎斐杭狄學習的核心，本校在法國及海外培養美食和飯店管理的專業精英，以及積極協助料理界不斷進化的參與者。FERRANDI Paris 巴黎斐杭狄理所當然被媒體譽為「美食界的哈佛大學」，因為它就是這麼出色的法國高等廚藝學校，匯集了飯店管理和餐飲業的所有專業知識。無論是歷史悠久的巴黎校區，位於聖日耳曼德佩區（Saint-Germain-des-Prés）的中心、聖格拉蒂安（Saint-Gratien）、波爾多（Bordeaux）、雷恩（Rennes）還是第戎（Dijon）等校區，FERRANDI Paris巴黎斐杭狄都是法國唯一提供從CAP（Certificat d'Aptitudes Professionnelles職業能力證書）到Master Spécialisé（專業碩士，法國高中生畢業會考文憑bac+6）等各種美食與飯店培訓（餐飲、餐桌藝術、麵包烘焙、糕點烘焙及飯店管理）的學校，同時也涵蓋國際課程，可自豪地宣稱文憑考試及格率98%，為法國業界最高的。

由巴黎法蘭西島區工商會（Chambre de Commerce et de l'Industrie de Région Paris Île-de-France）創立至今已有百年以上歷史，在幾代主廚與企業家的聯手打造下享有盛名，而這些主廚與企業家本身則以招牌料理及創新天賦聞名。學校以全方位表現卓越著稱，教學法著重於掌握基礎知識、創新能力、習得管理和創業技能，以及實地操作。

與業界的獨特關係

FERRANDI Paris巴黎斐杭狄是匯集美食、管理、藝術、科學、技術和創新的探索、啟發和交流的空間，業界最知名人士皆聚集在此，討論飯店業的更新和料理創意等話題。每年培訓的2200名學徒與學生，以及300名來自超過30個國家的國際學生，還有2000名職業進修或轉職的成人，由上百名具特定專長的教授進行培訓。有些師資是法國最佳職人（Meilleurs Ouvriers de France）和料理獎得主，但所有教授都在法國國內外知名餐飲業，擁有至少十年以上的工作資歷。本校也與歐洲管理學院（ESCP Business School）、巴黎高等農藝科學學院（AgroParisTech）、法國時尚學院（l'Institut français

多元專業知識

結合實作以及與專業人士的密切合作，FERRANDI Paris 巴黎斐杭狄的專業知識透過兩本先後以料理和糕點為主題的著作供大眾參考。這些著作被譯為多種語言，適合專業人士和一般大眾，而這些書的成功也讓我們想要分享更具體的專業知識。在探索了蔬菜、水果和巧克力的世界之後，是時候分享永不退流行的凍派、餡餅、有酥皮或無酥皮的肉醬、熟肉醬和熟食冷肉的知識技能了。

熟肉醬、肉派、香腸與其他熟食冷肉

正如其名，Charcutier熟食冷肉商一直以來都是「chair cuite熟肉」專家，而今，他們的做法也適用於蔬菜和魚肉，而且可以在不浪費任何食材的情況下製作。從頸部到腳，再到肝臟，每個部位都有其價值！不論是香腸肉卷或香腸肉鑲蔬菜，還是在布里歐中包入臘腸，調味技巧帶來截然不同的成果。Pâtés de foie肝醬和Pâtés de campagne鄉村肉醬和當季Terrine de légumes蔬菜凍派並行，而豬肉的熟肉醬此後也和鯖魚、鴨肉或蔬菜熟肉醬享有同樣地位。巴黎斐杭狄的專業人士熱衷於在這本書中，探索創意無限的準備工作和技巧，這是所有人最大的樂趣。現在輪到你親自動手和品嚐了！

de la Mode）等其他的機構合作，或是在國際上與香港理工大學（The Hong Kong Polytechnic University）、加拿大魁北克觀光與飯店研究所（ITHQ）、中國旅遊研究所（l'Institut of Tourism Studies）、強生威爾斯大學（Johnson and Wales University）等學校合作，夥伴關係也讓培訓課程變得更加豐富，以確保向世界開放。理論與實作密不可分，也由於FERRANDI Paris 巴黎斐杭狄的教育奠基於卓越，並與料理界主要協會（法國星級大廚協會Maîtres Cuisiniers de France）、法國最佳職人協會（Société des Meilleurs Ouvriers de France）、歐洲首席廚師協會 Euro-Toques）…等的合作關係，學生也會參與官方活動，以及學院內許多知名競賽和獎項的籌辦，擁有如此多學以致用的機會！作為法國知識的傳承者，同時也是旅遊部國際委員會（Conseil interministériel du tourisme）、法國旅遊發展署策略委員會（Comité stratégique d'Atout France）和旅遊卓越會議（Conférence d'excellence du tourisme）的成員，本學院每年都吸引來自世界各地的學生。

熟食冷肉的基礎知識

LES FONDAMENTAUX
DE LA CHARCUTERIE

Pâtés肉派、Terrine凍派、Boudins香腸、Rillettes熟肉醬或Farcis鑲餡料理，都是Charcuteries熟食冷肉大家族的一份子，FERRANDI Paris巴黎斐杭狄的專業人士希望分享成功，以及如何才能符合現代人口味的秘訣。因為儘管熟食冷肉商的知識技能就和廚師的技術一樣古老，但他們從特定的技術著手，還能不斷發展以跟上時代的腳步，而不僅僅侷限於肉類。在此介紹：熟食冷肉實作的概述，以及成功製作以下配方的一些基本定義。

熟食冷肉
的源起…

1475年，熟食冷肉商一職正式誕生，巴黎司法官授予熟食冷肉師、香腸製造商和血腸師傅（原文為saucissiers和boudiniers）最早的專利證書。屠夫處理生肉，熟食冷肉商（charcutier）處理熟肉，「chair-cuitier」字面上的意思就是煮過的肉，以及豬肉的加工。然而，我們發現這個行業存在已久，尤其是透過羅馬帝國時期的波塞拉法（loi Porcella），該法令規定了豬肉從養殖到銷售的加工體制。熟食冷肉商最早的職責就是長時間保存肉品，而這都歸功於醃漬和煙燻等技術的掌握。隨著這個行業的發展，後來也融入了屠夫、廚師，以及部分甜點師的知識技術，因此熟食冷肉業是幾種食品業的匯集之地。

從過去到現在
始終如一的熟食冷肉

熟食冷肉的定義是「各種肉類製品，最常見的是豬肉類和豬內臟，但也包括家禽肉、小牛肉、牛肉，有時還有魚類和貝類。熟食冷肉持續不變的目標是構思在長時間下仍可穩定保存且食用的產品，但同時在呈現和製作上，能有所變化1。」法國熟食冷肉的特色在於質地、形狀和所用配方的多樣性，既有細緻的糊狀產品（肉派、凍派、慕斯、熟肉醬），也有粗切、煮熟或乾燥、切片的產品（Saucissons香腸、Jambons secs乾火腿等）。熟食冷肉涵蓋了各式各樣的產品：熟食冷肉料理、以內臟為基底的熟食冷肉、熟的醃漬食品、生的熟食冷肉和醃漬食品、乾的熟食冷肉和醃漬食品、餐廳的熟食冷肉料理等。從這樣的角度來看，除了運用其他地方的香料或配方，來增加豐富度的傳統特色菜餚以外，魚類和蔬菜製品也理應列入這些作法之中。

各種製品

法國有超過400種的特色熟食冷肉，幾乎與乳酪或葡萄酒一樣多，其中有些甚至可追溯至幾世紀之前…，儘管某些以專業人士為目標族群的特色菜餚並非本書的主題（內臟香腸、醃漬食品等），但這裡介紹的是更容易在家庭廚房中製作的其他料理。以下是本書將涵蓋的主要系列。

《Dictionnaire la viande de Académie de viande 品學院的肉類典》，Autres oix 2012

Pâtes, tourtes et tartes 派皮料理、餡餅和塔

Le pâté字面上的意義為「在麵皮內煮熟的製品」，可熱食或冷食。隨著時間，派的酥皮有時會不再酥脆，而pâté一詞也可以用來指稱製品的內部，即肉醬的部分。在本章中，我們以該詞的原始意義來加以理解，因此還包括肉餡餅（tourtes）、塔（tartes）和酥皮肉派（pâtés en croûte）、杏仁皇冠派（pithiviers）、魚餡餅（koulibiacs）或布里歐香腸（saucissons briochés），有時也被稱為「charcuteries pâtissières 熟食冷肉糕點」。

Terrines et pressés 凍派與壓凍

凍派是一種冷食的熟製食品，依配方而定，質地可能細緻也可能粗曠。凍派又名陶罐派，以導熱良好的粗陶或陶瓷容器製作，並因此而得名。可以使用肉類（豬肉、小牛肉、家禽、野味）、魚或蔬菜為基底。亦稱為「pâté肉醬」，質地可以如肝醬般細緻，或是如鄉村肉醬般帶有顆粒的樸實粗曠，就像傳統上在麵團裡烤熟的肉餡，後來則以簡單的模具取代。最著名的壓凍包括勃艮第巴西利火腿凍（Jambon persillé bourguignon）或豬頭肉凍（fromage de tête）。這些凍派在重物的壓力下會滲出汁液，汁液凝結成凍，因而形成可切割的結實質地。

Rillettes et effilochés 熟肉醬與手撕肉

作法是將豬肉、小牛肉、家禽等瘦肉在鵝油、鴨油或豬油中緩慢油封而成。將肉煮4到10小時，直到纖維自然分離，接著與烹煮的油脂混合，最後放入鍋中。柔軟且入口即化的口感使它們自十八世紀中葉起便大受歡迎。這種料理和保存法，啟發了手撕肉和較少脂肪的技術，可應用於魚類或蔬菜，將它們變成美味的熟肉醬。

Farcis 鑲餡料理

肉餡是混合了肉、魚或蔬菜與香草、黏合劑（白吐司、雞蛋、澱粉）、香料碎⋯可用來填入家禽、肉塊（因此變成家禽肉卷paupiette或一般肉卷 ballotine）、海鮮（鑲餡槍烏賊）、或櫛瓜等蔬菜⋯，甚至是較不受重視的食材，如家禽的頸部。肉餡是實際製作熟食冷肉時的重點備料，而且用途廣泛。

Charcuterie cuisinée 熟食冷肉料理

許多其他的配方最終也紛紛加入，成為熟食冷肉發揚光大的行列，而這也讓所有的豬肉、小牛肉或牛肉碎塊與邊角肉得以再加工利用，視種類而定，可能包括頰肉、耳朵、舌頭、足部或口鼻部。不浪費，而且保證可大飽口福！

精選食材

法國的熟食冷肉業加工70%的法國豬肉產品，全世界共計有350種豬肉，法國約有10幾種。大白豬（large white）、長白豬（landrace）或杜洛克豬（duroc）等經典品種，因其產量而在業界深受好評。法國本地品種，包括西部的白豬（porc blanc）、貝葉豬（cochon de Bayeux）、比戈爾黑豬（porc noir de Bigorre，亦稱為加斯科涅豬gascon）、利穆贊黑臀豬（cul noir du Limousin）、琴托雅（kintoa，來自巴斯克basque地區的黑蹄豬pie noir）或科西嘉豬（porc nustrale corse），不勝枚舉的品種和風土，在各個地區形成了不同的配方，必須一嚐。無論如何，最好盡可能以自由放養方式飼養豬隻，而且露天放養，因為油脂就是美味的來源。

至於牛肉，則以草飼品種為優先。最後，兔肉、家禽和野味，也請盡量尋找放養的產品。肉類，以及所有其他的材料（魚類、貝類、蔬菜等），都必須使用健康新鮮的食

材，尤其像是凍派或醃漬食品等，這些製品就是用來保存食物的美味。

鹽、糖和香料香草

本書介紹的配方不含任何添加劑或防腐劑，而是用鹽、香料、香草甚至糖來平衡味道，並維持長期穩定性。

鹽的功用為何，如何選擇？
鹽可為熟食冷肉提供3項功能：
- 作為增味劑，具有可刺激感官的顯著效果；
- 抑菌，抑制某些病菌和細菌的生長；
- 黏合劑：有助於蛋白質的結合，因此間接影響到備料的質地。

各種鹽的用途：
- **未精製的粗粒灰鹽**（含7%的雜質），富含礦物鹽，最適合用於鹽水和高湯的烹煮，以及鹵水（saumure）的製備；
- **精製細鹽sel fin**（雜質含量低於1%），顆粒細小，可完美溶解於備料中，形成完美調味和更均勻的成品；
- 最後，**鹽之花fleur de sel**可用於最後修飾，增添脆口感並提味。

香料與香草
在各種香草中，新鮮巴西利是最常使用的。乾燥月桂葉和百里香在高湯中必不可少，而迷迭香通常會用來搭配兔肉。在各種香料中，我們會使用杜松子（baies de genièvre）和香菜籽（coriandre）來製作某些凍派，也會使用肉荳蔻和五香粉，最常用於肉餡中。也能隨時準備：丁香（clou de girofle）、艾斯佩雷辣椒粉（piment d'Espelette）、紅椒粉（paprika）或咖哩（curry）、各種黑白胡椒，用來變換味道。

糖的功用為何？
在某些肥肝和肉醬的配方中，少量的糖（每公斤4至5克）可能會帶來令人驚豔的效果。糖可抵消肥肝作為主食時的天然苦味，但如果配方中含有比不甜的酒（alcool sec）含糖量更高的甜酒（vin mœlleux），則加糖並非必要。但糖也可以讓味道變得更圓潤，並作為增味劑來延長在口中的餘味，以平衡不同的味道。出於顏色或保存等原因，也可用於含有抗壞血酸的配方中：抗壞血酸帶有的酸味可用糖來消除。

那酒呢？
葡萄酒和烈酒用於醃製肉類或為備料調味。最常使用的是白酒或紅酒、干邑白蘭地、雅馬邑白蘭地（armagnac）、蘋果白蘭地（calvados）、馬德拉酒（madère）或波特酒（porto）。有助提味，並提供些許甜度，在調味時須將這點謹記在心。

Petit lexique charcutier
熟食冷肉小辭典

你可能不熟悉接下來提及的某些食材，因為這些是熟食冷肉業界使用的專業術語。
以下是一些你將在本書之後的內容找到的敘述，讓你可以像專業人士一樣表達！

BARDE薄片肥肉：從背脂取下的薄片豬肥肉，用來包覆要烤的肉塊，或是用來避免某些製品在料理過程中變得太乾。

COUENNE豬皮：由豬肉的真皮和表皮組成，無味，主要因膠化性質而用於熟食冷肉中。

CHAUDIN豬腸：螺旋部分的豬結腸，可作為辣燻腸（andouille）和香腸的外衣，也可以是內臟香腸（andouillettes）的成分之一。

COCHE牝豬：已生產且待宰的母豬。

CRÉPINE網油：亦稱為toilette或voilette，這種來自豬或牛的無味膜狀物，可用來包裹備料（肉派、油網包crépinette、高麗菜卷等），可確保備料在烹煮時不會變形。使用的是網膜，這是腸道周圍連接脾胃的腹膜褶皺。使用前必須浸入加醋的冷水中，瀝乾後再將水分吸乾。

LÈCHES切條：將肉塊或家禽肉縱向切開，可醃漬或不醃漬，接著再組裝為凍派、肉派或餡餅。裁切時可形成明顯的花紋。

MARQUANTS提味肉餡：在裁切肉派、凍派或餡餅時，可帶來醒目視覺效果的混合肉餡材料。

MÊLÉE混合肉餡：肥瘦相間的絞肉，用絞肉機或食物處理機製作，是凍派和肉派的主要成分。

MENU小腸腸衣：來自動物（牛肉、豬肉、羊肉等）小腸的可食用天然腸衣。

MOUILLE軟脂肪：位於整個豬腹側的脂肪，質地結實且不易融化，用於製作某些肉醬。

PANNE板油：豬腎臟和內臟周圍的脂肪，融化後用於製作豬油，有時也用於製作血腸和熟肉醬。被視為最珍貴的動物脂肪，而非軟脂肪。

SAINDOUX豬油：透過融化豬肉脂肪獲得的油脂。最優質的豬油來自板油，因為它無味且呈現均勻的白色。

SUIF動物油脂：牛羊肉的脂肪融化後得到的油脂。

MORCEAUX DU BOUCHER
肉品部位

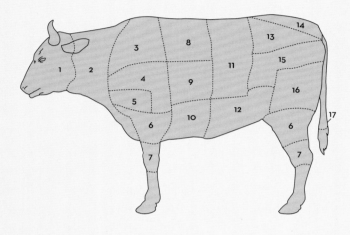
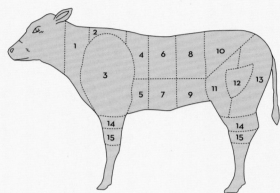

Le bœuf
牛肉

1. Joue 牛頰肉
2. Collier 牛頸肉
3. Paleron 牛肩肉
4. Macreuse 牛肩瘦肉
5. Veine grasse 靜脈肥肉
6. Gîte 牛腿肉
7. Crosse 牛腿端肉
8. Côtes couvertes 肋眼
9. Plat de côtes 牛小排
10. Poitrine 牛胸肉（牛五花）
11. Filet et aloyau 牛里脊和牛腰肉
12. Flanchet 牛腹肉
13. Culotte 上腰肉
14. Rumsteck 牛臀肉
15. Tranche 大腿內側肉
16. Gîte à la noix 牛腿心
17. Queue 牛尾

Le veau
小牛肉

1. Collier 牛頸肉
2. Côtes découvertes 肩胛肉
3. Épaule 肩肉
4. Côtes secondes 前肋骨
5. Poitrine 五花肉
6. Côtes premières 後肋骨
7. Tendron 軟骨肉
8. Longe 腰肉
9. Flanchet 牛腹肉
10. Quasi 牛上腿肉
11. Noix patissière 後腿前肉
12. Noix 腿心肉
13. Sous-noix 下腿心肉
14. Jarret 腿肉
15. Crosse 牛腿端肉

1.   Queue

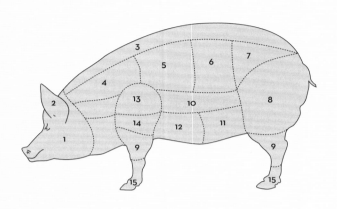

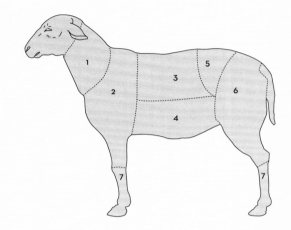

Le porc
豬肉

1. Tête 頭部
2. Oreilles 耳朵
3. Lard – Gras 豬背脂
4. Échine 脊骨肉
5. Carré 豬肋排
6. Milieu de filet 中段里脊/菲力
7. Pointe de filet 後腿肉
8. Jambon 大腿肉
9. Jarret 小腿肉
10. Travers 排骨
11. Poitrine 五花肉
12. Plat de côtes 帶骨五花肉
13. Palette 上半段肩肉
14. Épaule 下半段肩肉
15. Pied 腳

Le mouton
羊肉

1. Collet 頸肉
2. Épaule 肩肉
3. Carré 羊肋排
4. Poitrine 羊胸肉
5. Selle 脊肉
6. Gigot 羊腿
7. Pieds 腳

器材

MATÉRIEL

1. Mandoline 蔬果切片器

2. Couteau-scie 鋸齒刀

3. Couteau éminceur 切片刀

4. Couteau éminceur 切片刀

5. Couteau d'office 水果刀

6. Couteau économe 削皮刀

7. Rasoir à légumes 蔬果刨刀

1. Passoire 網篩
2. Étamine passe-bouillon en toile 網篩濾布
3. Passe-sauce 醬汁濾器
4. Chinois 漏斗型濾器
5. Écumoire en Inox 不鏽鋼漏勺
6. Écumoire 漏勺

1. Moule à pâté en croûte rond 圓形酥皮肉派模
2. Moule à pâté en croûte long 長形酥皮肉派模
3. Cuillères à quenelles 梭形匙
4. Emporte-pièces ovales 橢圓形壓模
5. Emporte-pièces ronds 圓形壓模
6. Terrines en porcelaine 陶罐

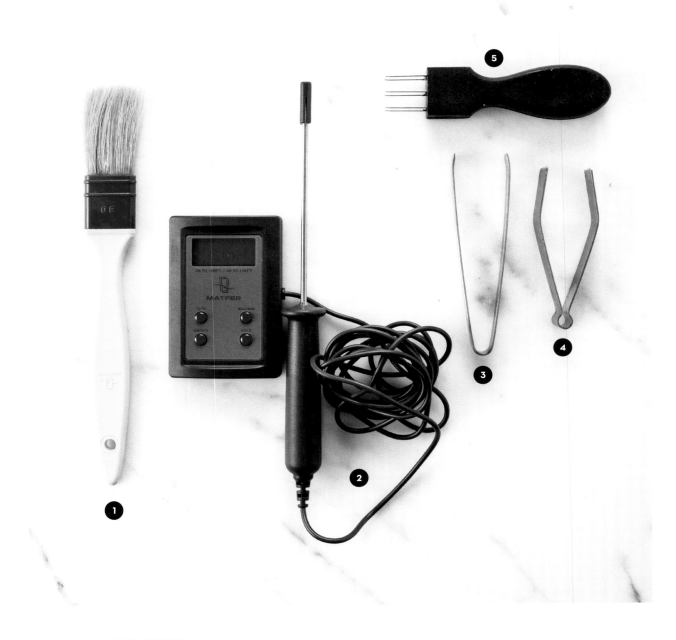

1. Pinceau 料理刷／料理刷
2. Thermomètre 溫度計
3. Pince à désarêter 魚刺夾
4. Pince à chiqueter 派皮花邊夾
5. Pique saucisses 香腸打孔器

1. Bassine en Inox 不鏽鋼鍋
2. Cornet à boudin 灌腸管
3. Ficelle alimentaire 料理繩
4. Pique saucisses 香腸打孔器

Électroménager 家電

1. Hachoir à viande 絞肉機
2. Différentes grilles
   各種孔板／出料片

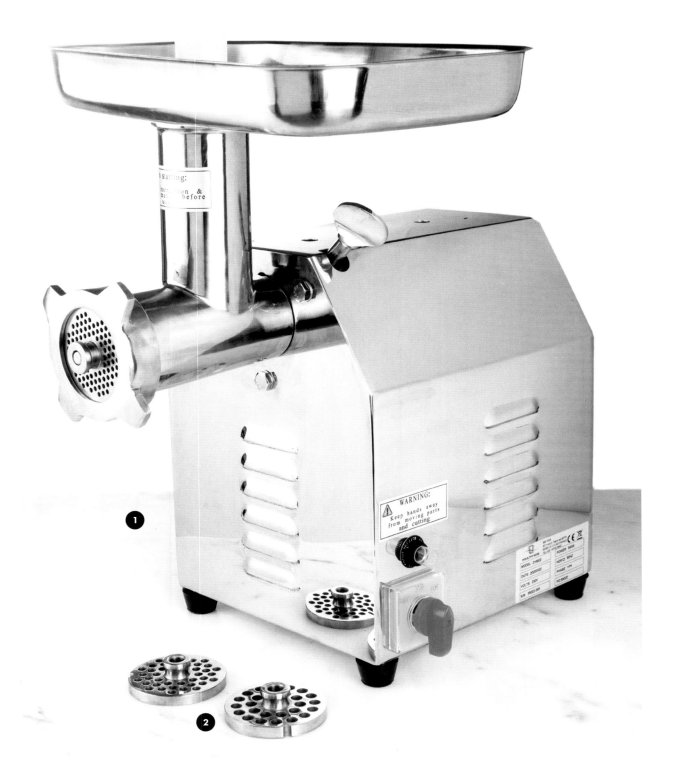

1.
Poussoir manuel
à saucisses
手動灌腸機

2.
Différentes
canules
各種的灌腸管

3.
Manivelle 手柄

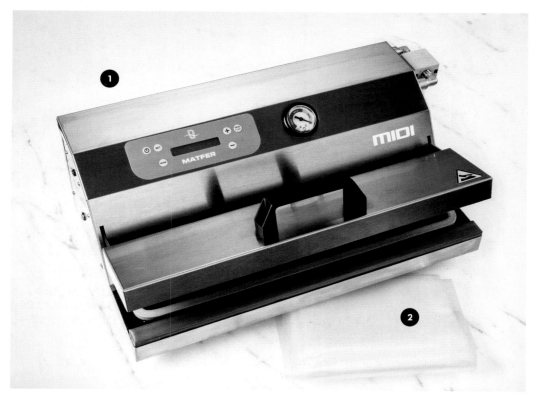

1.
Appareil de
mise sous vide
真空包裝機

2.
Sac 真空袋

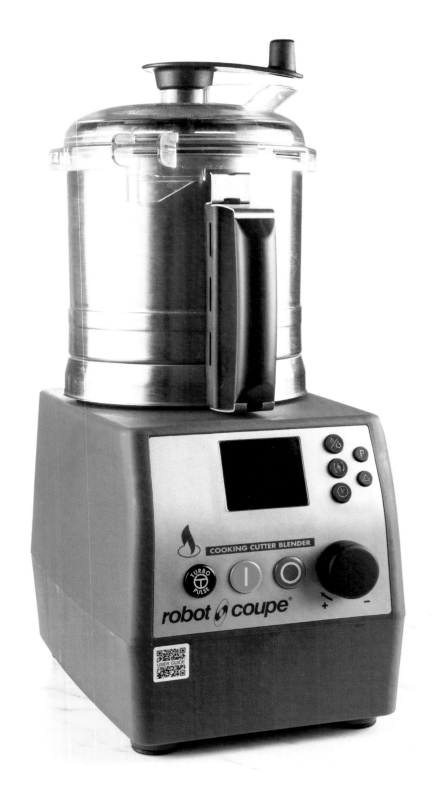

Robot-Coupe
食物處理機

基礎技術

LES TECHNIQUES DE BASE

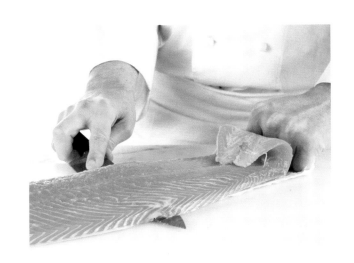

分切與清理
DÉCOUPE ET NETTOYAGE

Tailler en brunoise
切丁

食材
胡蘿蔔

器材
蔬果切片器
切片刀

1 ‧ 將胡蘿蔔去皮並清洗。切成小段，切去兩端，接著將側邊修平。用蔬果切片器切成薄片。

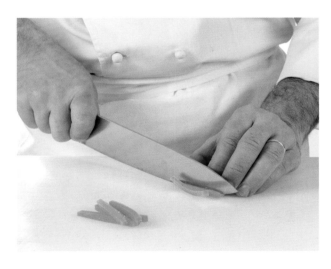

2 ‧ 切成邊長2公釐的細條。

3 ‧ 切成均等2公釐的小丁。

Émincer un oignon
洋蔥切片

食材
洋蔥

器材
切片刀

1. 將洋蔥去皮，垂直切開。

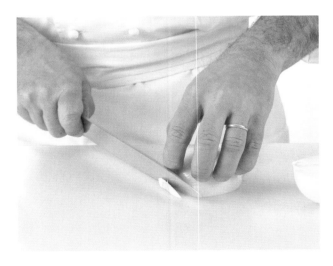

2. 切去底部。

3. 切成厚約2至3公釐的薄片。

Ciseler
切碎

食材
紅蔥頭

器材
水果刀

1. 將紅蔥頭去皮,並從長邊切半。

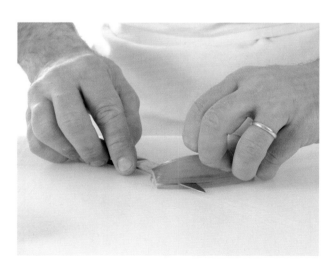

2. 將手指向內縮,接著刀身保持與工作檯平行,水平切出幾個切口,但不要切到底。

3. 繼續從長邊切出垂直切口。

4 · 將刀握在平行於手指的方向，將紅蔥頭切碎。

Tailler en lèches et en cubes
切條和切丁

食材
家禽胸肉等種類的肉

器材
切片刀

1• 將家禽胸肉切成薄片。

2• 應切出厚約6至12公釐的肉片。

3• 再切成寬6至12公釐的條狀。完成。

4 • 垂直切成6至12公釐的肉丁。

Effilocher
手撕肉

食材
熟肉或熟魚肉

器材
手套1雙

TRUCS ET ASTUCES DE CHEFS
主廚技巧與訣竅

手撕肉的技法只能用於煮熟後纖維像「線」一樣，
可以剝開的肉或魚（例如：鴨肉、牛肉、雞肉等）。

1 • 以醬汁長時間熬煮後，將肉塊撈出，放在盤上。

2 • 戴上手套，接著將微溫的肉塊撕開。

3 • 應形成極細的肉絲。

Lever les filets
et désarêter un poisson
取出魚片並去骨

食材
魚販已去除內臟的全魚（鮭魚）

器材
魚刀（Couteau à filet de sole）
切片刀
魚刺夾

1• 用刀將腹鰭（骨盆鰭和臀鰭）周圍輕輕切開，將腹鰭移除。

2• 以同樣方式去除背鰭。

3• 沿著背脊處切開。

Lever les filets
et désarêter un poisson (suite)
取出魚片並去骨（續）

4 • 用刀片沿著背脊處劃開，逐步將魚片提起。

5 • 用魚刀將中間的骨頭取出。以拇指輔助，刀劃過骨頭下方。

6 • 切去兩端邊緣的肥肉部分，形成整齊的邊。

7 • 用鉗子挑出魚刺。用手在魚肉上摸索以找出魚刺。

8 • 將魚片平放，從魚尾開始將皮和肉之間切開。

9 • 緊緊抓住魚尾的魚皮，繼續切開。

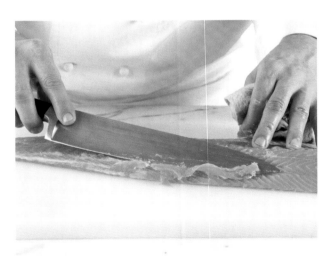

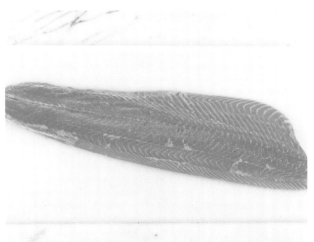

10 • 去除肉上殘留的脂肪。另一片也以同樣方式處理。

Déveiner un foie gras
為肥肝去除靜脈

食材
整顆肥肝

器材
水果刀

1• 輕輕將2片肥肝分開。

TRUCS ET ASTUCES DE CHEFS
主廚技巧與訣竅

你有時也會看到「為肥肝去除血管」的說法。

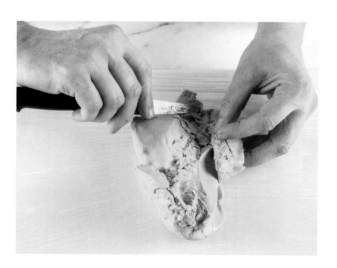

2• 用水果刀的刀尖，從大片肥肝的頂端開始去除血管。

3 · 將整個「靜脈網絡」拉起至肥肝底部。一路上毫不猶
豫地進行切割,並用手指輔助。

4 · 清出靜脈網絡後,輕輕拉出至完全分離。確認沒有
留下任何靜脈。以同樣方式處理下方靜脈。繼續以
同樣方式處理另一片肥肝。

5 · 可依個人喜好為肥肝的每一面調味(鹽、胡椒、酒
等),然後再用手為每片肥肝重新塑形。

6 · 將2片肥肝集中並重組,包上保鮮膜以維持形狀。

Nettoyer des ris de veau
清洗小牛胸腺

食材
小牛胸腺（Ris de veau）

浸泡時間
30 分鐘至 1 小時

器材
切片刀
沙拉碗 2 個

1• 先在裝水的沙拉碗中沖洗胸腺，接著在裝有冰水的
沙拉碗中浸泡 30 分鐘至 1 小時，以去除所有血汙。

TRUCS ET ASTUCES DE CHEFS
主廚技巧與訣竅

若要烹煮小牛胸腺，只需放入大量冷鹽水中煮沸
約 2 分鐘即可。瀝乾後，浸入冷水以中止烹煮。

2• 移至吸水紙上，將水分擦乾。

3• 用切片刀沿著血管輕輕切開,將血管取出。　　4• 去除脂肪。

5• 小心地將膜取下。

Nettoyer des boyaux
清洗腸衣

食材
羊或豬的天然腸衣

器材
沙拉碗 2 個

1• 沿著整條腸衣檢查是否有破洞。

2• 在裝水的沙拉碗中，將腸衣完全浸入。

3• 用手指將腸衣清洗乾淨後，再浸入另一碗清水中。

4 • 拿起其中一端，將2根手指插入內部，將腸衣撐開。

5 • 浸入水中，讓一些水進入腸衣內。

6 • 形成小水球。

7 • 握住水球兩側的腸衣，讓水球沿著腸衣滑動，以清洗內側。

Préparer une crépine
網油的處理

食材
網油
鹽

器材
沙拉碗

1• 用水清洗網油。

2• 將網油取出，浸水數次，以充分洗淨。

3• 用手將水分充分擠乾。

4・ 將網油平放在潔淨的工作檯上。

5・ 撒上鹽。

6・ 將網油輕輕折起⋯

7・ ⋯折成小包狀。包上保鮮膜,冷藏至使用的時刻。

基本準備

PRÉPARATION DE BASE

Feuilletage rapide
快速千層麵團

675 克的麵團

準備時間
30 分鐘

冷藏時間
1 小時至 1 小時 30 分鐘

保存時間
48 小時,但最好在當天
使用

器材
刮板
擀麵棍

食材
T65 麵粉 250 克
鹽 5 克
水 125 克
奶油切成 2 公分的丁
200 克

1・ 在工作檯上,將麵粉形成凹槽。在中央加入溶解在
水中的鹽,以及冰涼的切塊奶油。

2・ 用指尖將部分麵粉帶向中間,接著用刮板混合至形
成粗粒麵團。將形成的麵團揉成球狀,奶油塊應保
持清晰可見且冰涼。

3 • 在工作檯上撒麵粉，將麵團擀平。

4 • 折成3折，進行奶油層（beurrage）的折疊（黏合食材）。用保鮮膜將麵團包起，冷藏保存20分鐘。

5 • 開始將麵團擀平。

6 • 形成70×25公分的長方形…

Feuilletage rapide (suite)
快速千層麵團(續)

7 • 將兩端朝中央折起（⅓ – ⅔）。再對折。

8 • 形成4折的派皮（皮夾折）。為麵團包上保鮮膜，冷藏保存30分鐘。重複步驟4至6共二次。冷藏保存30幾分鐘。

9 • 進行最後一次單折後再使用。

TRUCS ET ASTUCES DE CHEFS
主廚技巧與訣竅

在進行折疊時，每次折疊就在麵團上輕輕按1個指印，讓你一眼就知道進行了幾次折疊而不會忘記。例如：2次單折或一次單折＋一次皮夾折＝2個指印。因此，進行過5次折疊的麵團就有5個指印。

Pâte à pâté
派皮麵團

1.8 公斤的麵團

準備時間
5 分鐘

冷藏時間
12 小時

保存時間
冷藏 4 日

器材
刮板

食材
T55 麵粉 700 克
馬鈴薯澱粉 300 克
奶油 500 克
鹽 20 克
蛋黃 100 克
水 160 克
白醋 20 克

1・　在工作檯上混合麵粉和馬鈴薯澱粉。

TRUCS ET ASTUCES DE CHEFS
主廚技巧與訣竅

不要過度揉捏麵團，以免過度出筋而導致在烘烤過程
中變形。

2・　加入切丁的冷奶油和鹽。

3 • 開始用指尖將麵粉搓成砂狀。

4 • 形成砂狀質地。

5 • 在中央挖出凹槽。

6 • 倒入蛋黃、水和醋。

Pâte à pâté (suite)
派皮麵團（續）

7 • 逐量將少許粉油砂粒帶入蛋中，開始混合。

8 • 持續揉至形成軟麵團。

9 • 用手將麵團塑形成正方形。

10 • 包上保鮮膜，冷藏靜置12小時。

Saumure
鹵水

1.6 公升

準備時間
15 分鐘

器材
沙拉碗
打蛋器

食材
水 1 公斤（PH中性）
香料煎煮液（décoction 見 68 頁技法）320 克
灰鹽 245 克
葡萄糖（dextrose）55 克
抗壞血酸（acide ascorbique）3 克

1 • 在沙拉碗中倒入降溫至10°C的水和香料煎煮液。

2 • 加入其餘的食材。

3 • 用打蛋器攪拌至充分溶解。蓋上保鮮膜，冷藏至使用的時刻（若使用在腿肉、肩肉、舌頭、頭部等大塊的肉可再加鹽）。

Décoction
香料煎煮液

1.2 公升

準備時間
10 分鐘

烹調時間
1 小時

保存時間
冷藏 30 日

器材
網篩
濾布

食材
水 1000 克
白酒 375 克
黑胡椒 12 克

杜松子（baies de genièvre）12 顆
鼠尾草（sauge）4 克
香薄荷（sarriette）4 克
大蒜 4 克
月桂葉 4 片
百里香 8 克
丁香（clous de girofle）2 顆
焦化洋蔥（oignon brûlé）250 克
西洋芹 125 克
乾燥朱槿花（fleurs séchées d'hibiscus）10 克
甜菜粉 3 克

1 • 在平底深鍋中倒入水和白酒。

TRUCS ET ASTUCES DE CHEFS
主廚技巧與訣竅

製作焦化洋蔥：清洗洋蔥，連皮切半。
在平底煎鍋底部鋪上一張正方形的鋁箔紙，
加熱鍋子，接著放上切半洋蔥，平坦的一面朝下。
加熱上色，煎至表面形成棕色。

2 • 加入其他所有食材，煮沸。

3． 以小火浸泡加熱1小時。

4． 接著離火，為平底深鍋蓋上保鮮膜，浸泡至冷卻。

5． 用網篩過濾，加蓋冷藏至使用的時刻。

Gelée de cuisson
烹煮湯凍

3 公升

準備時間
30 分鐘

浸泡時間
1 小時

烹調時間
8 小時

保存時間
冷藏 20 日

器材
漏勺
濾布
網篩

食材
豬皮（couennes）1.5 公斤
醋
胡蘿蔔 150 克
韭蔥 150 克
洋蔥 150 克
大蒜 2 瓣
水 3 公斤
灰鹽（sel gris）18 克
新鮮百里香 10 克
月桂葉 2 片
丁香 1 顆
胡椒 5 粒

1 • 將豬皮從長邊捲起。

2 • 切成寬約 5 公分的小段。

3 • 用含有5%白醋的清水淹過，在常溫下浸泡1小時。

4 • 清洗胡蘿蔔和韭蔥。切去韭蔥的根，從長邊切半，接著切成約1公分的小段。

5 • 將胡蘿蔔和洋蔥去皮。將胡蘿蔔斜切成約1公分的塊，並將洋蔥縱切成4塊。將大蒜連皮切半。放入耐熱烤盤，以250℃烤箱（溫控器8/9）烤20分鐘（烤至深色），或以平底煎鍋煎至上色。

6 • 將預先瀝乾的豬皮放入裝有水和鹽的雙耳蓋鍋中。加熱至煮沸，逐步撈去浮沫。加入香草，接著是烤好的胡蘿蔔、洋蔥和大蒜。

Gelée de cuisson (suite)
烹煮湯凍（續）

7 • 加入韭蔥，煮沸。

8 • 調為小火（約 85℃），加蓋煮 8 小時。

9 • 可蓋上保鮮膜或鍋蓋。

10 • 烹煮結束時，用網篩過濾，接著再用濾布過濾。放至微溫後，覆蓋上保鮮膜，冷藏保存 10 幾天。

TRUCS ET ASTUCES DE CHEFS
主廚技巧與訣竅

也可以將高湯以冷凍袋冷凍 6 個月。

Bouillon de cuisson
烹煮高湯

5 公升

準備時間
30 分鐘

浸泡時間
1 小時

烹調時間
6 小時

保存時間
冷藏 5 日

器材
漏勺
濾布
網篩

食材
豬皮 1.5 公斤
白醋
胡蘿蔔 125 克
韭蔥 100 克
茴香（fenouil）150 克
西洋芹 150 克
洋蔥 125 克
大蒜 40 克
豬骨 1.5 公斤
水 6 公斤
灰鹽 25 克
新鮮百里香 15 克
月桂葉 2 片
丁香 2 顆
胡椒 10 粒
白酒 375 克

1 • 將豬皮捲起，形成約 20 公分的長條，切成 5 公分的帶狀。在常溫下，將豬皮浸泡在含有 5% 白醋的清水中 1 小時。

TRUCS ET ASTUCES DE CHEFS
主廚技巧與訣竅

你也可以用冷凍袋，將煮好的高湯
冷凍保存 6 個月。

2 • 清洗蔬菜，切成大塊。將洋蔥連皮切半。

3 • 用刀身將蒜瓣壓碎並去皮。

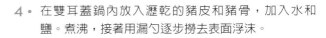

4 • 在雙耳蓋鍋內放入瀝乾的豬皮和豬骨，加入水和鹽。煮沸，接著用漏勺逐步撈去表面浮沫。

5 • 加入切好的蔬菜、洋蔥、大蒜、調味蔬菜（garniture aromatique）、丁香、胡椒、白酒，煮沸。將火調小（約85℃），煮6小時。

6 • 煮好後，先用網篩過濾，接著再用濾布過濾。倒入較大的容器中，以便快速冷卻，接著在覆蓋保鮮膜，冷藏保存5天。

Clarifier un bouillon
澄清高湯

1公升

準備時間
10 分鐘

烹調時間
1 小時

保存時間
冷藏 20 日

器材
大湯勺 Louche
網篩＋平紋細布
（Mousseline）

食材
洋蔥 40 克
大蒜 1 瓣
胡蘿蔔 40 克
韭蔥 40 克
西洋芹 20 克
蛋白 1 顆
家禽胸肉（filet de
volaille）200 克
家禽高湯（fond de
volaille）1 公升

1· 清洗洋蔥、大蒜、胡蘿蔔、韭蔥和西洋芹，去皮，
切成丁。

2· 將肉切成極小的丁。

3 • 將所有食材都放入碗中，接著加入蛋白。用刮刀攪拌。

4 • 在平底深鍋中倒入冷的家禽高湯和碗中的內容物，接著以小火煮沸，不時攪拌。第一次煮沸時，將火調小，在不攪拌的情況下續煮約1小時。

5 • 離火，用大湯勺並透過鋪有平紋細布的漏斗型濾器過濾，獲得澄清高湯。

Farce mousseline de saumon
鮭魚慕斯餡

550 克

準備時間
20 分鐘

冷凍時間
10 分鐘

保存時間
冷藏 2 日

器材
食物料理機
細孔網篩（Tamis fin）

食材
去皮鮭魚片 250 克
細鹽 8 克
白胡椒 1 克
蛋 5 顆
35%的冰涼液態鮮奶油
250 克

1• 將鮭魚肉切成 2 公分的塊狀，冷凍保存 10 分鐘，讓魚肉變得更緊實。將液態鮮奶油和食物料理機的碗同樣冷凍保存。

2• 用食物料理機攪打魚肉、鹽和胡椒。

3• 打成細密的糊狀後，加入蛋，接著逐量加入鮮奶油，一邊攪打，務必不要讓肉餡過熱。

4• 用細孔網篩將肉餡過篩，以獲得最佳成果。

Chair à saucisse
香腸肉餡

850 克

準備時間
10 分鐘

保存時間
冷藏 3 日

器材
絞肉機
手套

食材
瘦的豬肩肉（épaule maigre）600 克
硬質脂肪（gras dur）200 克
鹽 12 克
白胡椒 2.4 克
冷水 50 克

1• 　將肉和硬質脂肪切成約 4 公分的塊狀。

2• 　將肉放入絞肉機（孔洞 6 公釐的出料片）

3. 用鹽和胡椒調味。

4. 首先,用刮刀攪拌。

5. 戴上手套,加入冷水,充分拌勻,讓肉出筋具有黏
　　性。覆蓋上保鮮膜,冷藏保存24小時後再使用。

Rillettes de saumon
鮭魚熟肉醬

食材
鮭魚片 400 克
煙燻鮭魚 400 克
細香蔥 ½ 束
平葉巴西利葉 ¼ 束
紅蔥頭 50 克
蔥 ½ 根
奶油 180 克
莫城（Meaux）芥末醬 50 克
艾斯佩雷辣椒粉 2 克
青檸檬 ½ 顆（果汁和果皮）
鹽 5 克
胡椒

器材
蒸鍋（Panier vapeur）
刨刀

1. 將魚片切成約 3 公分的大丁。

2. 放入蒸鍋，擺在裝有沸水的平底深鍋中，接著整個蓋上保鮮膜充分密封，蒸 6 至 8 分鐘。

3. 將煙燻鮭魚切成約 0.5 公分的小丁。

Rillettes de saumon (suite)
鮭魚熟肉醬(續)

4 • 將細香蔥和巴西利切碎。

5 • 將紅蔥頭和蔥切碎。

6 • 將煮熟的鮭魚移至沙拉碗中,並用刮刀將魚肉弄碎。

7 • 在另一個沙拉碗中,混合煙燻鮭魚丁和切碎的紅蔥頭、蔥及香草。

8 • 加入碎鮭魚、鹽、胡椒粉，混入預先攪打成膏狀的奶油，然後加入芥末醬。

9 • 加入艾斯佩雷辣椒粉、半顆青檸檬的果汁和果皮。拌勻。

TRUCS ᴇᴛ ASTUCES ᴅᴇ CHEFS
必學主廚技巧

混合兩種鮭魚，
為熟肉醬賦予更豐富的味道和口感。

Rillettes de porc
豬肉熟肉醬

食材

豬五花 375 克

豬肩下半段瘦肉（maigre d'épaule）300 克

豬肩上半段瘦肉（maigre de palette）225 克

豬油 300 克

硬質脂肪（gras dur）120 克

水 40 克＋ 120 克

白洋蔥 150 克

大蒜 1.5 瓣

給宏德鹽 12 克

百里香 1.5 小枝

月桂葉 1.5 片

白胡椒 2.25 克

艾斯佩雷辣椒粉（piment d'Espelette）1 小匙

器材

漏勺

手套

陶罐（Terrine）

1・ 將肉去皮、去骨（保留胸骨），切成約 4 公分的規則塊狀。將硬質脂肪切成 1 公分的小丁，用 40 克的水加熱至融化，接著加入豬油。

2・ 將火調大，逐量加入肉塊，煮至稍微上色，經常攪拌。在油脂變稀時，將火調小。

3・ 洋蔥切成薄片，接著加入月桂葉、百里香和鹽。加入胸骨和剩餘的水。加蓋，保留微微的開口，以 85℃ 煮 5 小時，不需攪拌。

4 • 去骨，並將肉取出。將烹煮湯汁倒入高而窄口的容器中，讓湯汁靜置沉澱，使湯汁和油脂分離。將油脂倒入平底深鍋中，以中火煮至微溫。

5 • 戴上手套，將肉撕開，並加入肉的湯汁。

6 • 全部放入沙拉碗，接著緩緩倒入微溫的油脂，一邊用刮刀攪拌。撒上胡椒，如有需要，可調整味道。倒入陶罐中，務必保持肉和油脂的均勻分布。

Rillons
燉肉

8 人份

準備時間
30 分鐘

烹調時間
8 小時

保存時間
冷藏 5 日

器材
切片刀
漏勺
真空包裝機＋料理袋
溫度計

食材
五花肉 2 公斤
豬油 750 克

醃料 Marinade
白洋蔥 200 克
大蒜 10 克
武夫賴（vouvray）白酒
750 克
新鮮百里香 2 枝
月桂葉 2 片
丁香 1 顆
鹽 25 克
胡椒 5 克
糖 5 克
四香粉（quatre-épices）
2 克

1• 　將洋蔥切片，將大蒜去芽並用刀面壓碎。

2• 　在平底炒鍋中加熱酒、洋蔥和大蒜，接著煮至湯汁濃縮。離火，加入百里香、月桂葉和丁香。放涼。

3・ 以切片刀將五花肉去皮修切。

4・ 混合鹽、胡椒、糖和四香粉，接著將調味料抹在肉的每一面上。

5・ 將五花肉連同洋蔥白酒濃縮湯汁一起裝入真空料理袋中。

6・ 用真空包裝機將袋子密封。

Rillons (suite)
燉肉（續）

7 • 將袋子放在餐盤上，入烤箱以80℃（溫控器 2/3）烤
8小時。放涼後，冷藏保存12小時，並在表面放置重
物，讓肉維持挺直。將五花肉從袋中取出。

8 • 用紙巾將五花肉仔細擦乾。

9 • 切成7×5公分的規則塊狀。

10 • 將豬油加熱至165至175℃之間，浸入燉肉，加熱
幾分鐘至上色。將五花肉移至網架或吸水紙上。趁
熱，或是在微溫、常溫下享用。

Boudin blanc
白腸

10 條白腸

準備時間
30 分鐘

烹調時間
10 分鐘

冷藏時間
12 小時

保存時間
冷藏 4 日

器材
絞肉機
食物處理機
Robot-Coupe
濾布
香腸打孔器
手動灌腸機
溫度計

食材
34/36 口徑的細豬小腸
（1.5 公尺）

肉餡
豬五花（poitrine de porc）400 克
家禽胸肉 100 克
細鹽 7 克
白胡椒 2 克
五香粉（cinq-épices）0.5 克
全脂牛乳 500 克
白洋蔥 35 克
肉豆蔻（muscade）0.25 克
丁香 1 顆
香草莢 0.3 克
月桂葉 1 片
T55 麵粉 25 克
蛋 3 顆
波特酒（porto）10 克

1· 將肉切成 3 至 4 公分的塊狀，加入調味料：鹽、胡椒和五香粉，進行醃漬。用刮刀攪拌，接著覆蓋上保鮮膜，冷藏 12 小時，醃漬入味。

2· 將洋蔥去皮切碎。在碗中倒入牛乳、切碎的洋蔥、肉荳蔻、丁香、香草和香料。蓋上保鮮膜，冷藏 12 小時。

3・ 隔天，將浸泡的牛乳倒入平底深鍋中，煮沸。熄火，加蓋。

4・ 同時，將肉放入絞肉機中絞碎。

5・ 將約略絞碎的絞肉放入食物處理機中。加入麵粉和蛋，接著攪打至形成細緻的肉餡。倒入波特酒。

6・ 用濾布過濾牛乳，將溫度約55°C的牛乳緩緩倒入肉中，一邊攪打均勻。將肉餡倒出。

Boudin blanc (suite)
白腸（續）

7 • 將豬小腸套在預先洗淨的手動灌腸機套管上（見52頁技法）。

8 • 轉動灌腸機，另一隻手固定住豬小腸。塞入幾公分的肉餡，接著在末端打結。

9 • 繼續塞入肉餡至末端。用香腸打孔器沿著白腸打洞，以排出氣泡。

10 • 製成每段約12至14公分的白腸，末端再打個結。浸入裝有80℃沸水的平底深鍋中，加蓋煮20分鐘。

11 • 將白腸放入冰水中降溫15分鐘，然後瀝乾。立即食
用，或以保鮮膜包覆，冷藏保存。

Boudin noir
血腸

16 條血腸

準備時間
1 小時

烹調時間
30 分鐘

保存時間
冷藏 3 日

器材
漏勺
出口直徑 3 公分的灌腸管
絞肉機
網篩

食材
34/36 口徑的豬小腸
（2 公尺）
新鮮豬血 500 克
平葉巴西利葉 20 克
大蒜 8 克
雪利酒醋 5 克
鹽 15 克
白胡椒 4.5 克
四香粉（quatre-épices）
2 克
肉豆蔻 0.5 克

肉餡
豬頸肉（gorge de porc）
750 克
洋蔥 100 克
大蒜 10 克
韭蔥的蔥白 50 克
胡蘿蔔 50 克
平葉巴西利葉 20 克
丁香 1 顆
烹煮高湯（bouillon de
cuisson 見 74 頁技法）
1 公斤
水 1 公斤
熟栗子 150 克

1 • 將豬頸肉切成約 4 公分的塊狀。清洗蔬菜並去皮，接著切成約 1 公分的丁。在湯鍋中加入栗子以外的所有肉餡食材、高湯和水，煮沸並撈去浮沫。

2 • 以小火加蓋煮約 4 小時（應煮至手指能輕易將肉捏碎）。在烹煮的最後 10 分鐘加入栗子。

3 • 用網篩過濾所有食材，並保留烹煮湯汁。

4 • 在平底不鏽鋼盆上方，用絞肉機攪碎所有煮好的食材。清潔腸衣，將腸衣浸泡在冰水中15分鐘（見第52頁技術），瀝乾並蓋上保鮮膜。

5 • 用漏斗型濾器過濾豬血，倒在肉上。充分攪拌均勻。

6 • 將巴西利和大蒜切碎。連同醋一起加入肉餡中，接著調味拌勻。

Boudin noir (suite)
血腸（續）

7 • 將腸衣套在灌腸管上，末端預留10幾公分的空間，打個結。單手拿著腸衣，堵在噴嘴處。

8 • 用另一隻手在灌腸管中填入肉餡。

9 • 小心地將所有肉餡塞入腸衣，讓腸衣在手指間輕輕滑動，末端打個結。

10 • 每12至14公分為1段，轉緊。注意不要轉得過緊。在平底深鍋中，將烹煮高湯煮沸，將血腸串浸入高湯中，加蓋以85℃煮30分鐘。小心取出，在網架上放涼。品嚐或冷藏保存。

Chutney de mangues
芒果甜酸醬

1 罐 300 毫升

食材
白醋 225 毫升
洋蔥 110 克
薑 8 克
大蒜 2.5 克
芒果 225 克
紅糖 75 克
白色高湯（fond blanc）
150 毫升
NH果膠 2 克
葡萄乾 15 克

器材
1 罐 300 毫升
切片刀

1• 在平底深鍋將醋煮沸，收乾至 ¼。

TRUCS ET ASTUCES DE CHEFS
必學主廚技巧

甜酸醬是酸酸甜甜的調味料，
非常適合搭配肥肝、凍派、肉類、
魚類和乳酪。

2• 將洋蔥和薑分別去皮切碎（邊長約3公釐）。將蒜瓣
去皮壓碎。將芒果去皮，切成邊長4公釐的丁。

Chutney de mangues (suite)
芒果甜酸醬(續)

3 • 在濃縮的醋中加入紅糖、切碎的洋蔥和壓碎的大蒜。將醋幾乎完全收乾。

4 • 加入白色高湯，將高湯收乾一半。

5 • 加入芒果丁、薑碎、葡萄乾和果膠。以小火慢燉，不時攪拌。

6 • 煮至濃稠時，將芒果甜酸醬裝入密封罐。

Moutarde douce maison
自製甜芥末

750 克

準備時間
25 分鐘

冷藏時間
72 小時

發酵時間
一周

保存時間
冷藏 2 個月

器材
果汁機（Blender）
750 毫升的玻璃罐

食材
金黃芥菜籽（graines de moutarde blonde）200 克
黑色芥菜籽（graines de moutarde noire）50 克
大蒜 1 瓣
鹽之花 10 克
薑黃 ½ 小匙
水 350 克
白酒醋 150 克

1 • 在玻璃罐中倒入金黃和黑色芥菜籽。

2 • 加入去芽壓碎的蒜瓣。

Moutarde douce maison (suite)
自製甜芥末(續)

3 • 用鹽和薑黃調味。

4 • 加入淹過食材的水，整個拌勻。

5 • 將蓋子蓋上 ¾，不要完全密封。將罐子擺在盤子上，在常溫下發酵一周。

6 • 發酵後，連同醋一起放入果汁機。攪打至形成想要的濃稠度，如有需要可調整調味，並放入你選擇的罐子中。

Pickles de légumes
醃漬蔬菜

2 罐

準備時間
25 分鐘

烹調時間
5 分鐘

保存時間
冷藏 30 日

器材
玻璃罐

食材

蔬菜
迷你胡蘿蔔（Carottes nouvelles）
紫色胡蘿蔔
白花椰菜
櫛瓜
蘑菇
基奧賈甜菜（Betterave chioggia）
甜椒
櫻桃蘿蔔

醃漬液 Marinade
水 600 克
白醋 300 克
糖 120 克
鹽 20 克
大蒜 1 瓣
胡椒粒 ½ 大匙
香菜籽 1 大匙
芥菜籽 1 大匙
月桂葉 1 片
百里香 1 小枝

1. 預先為罐子消毒。將蔬菜刷洗或清洗乾淨。在櫻桃蘿蔔末端劃出十字的 4 道切口。將迷你胡蘿蔔縱向切半，將紫色胡蘿蔔和甜菜根切成約 2 至 3 公分的薄片。

2. 櫛瓜切半，接著縱向切成 4 塊。切下花椰菜的小花，並將蘑菇切成 4 塊。辣椒切半並去籽。

TRUCS ᴇᴛ ASTUCES ᴅᴇ CHEFS
必學主廚技巧

若要消毒罐子，
請浸入沸水中 20 分鐘，
接著倒置在潔淨且乾燥的布上晾乾。

Pickles de légumes (suite)
醃漬蔬菜(續)

3• 在預先消毒的罐子裡放入蔬菜，裝至距離邊緣1公分處。

4• 在平底深鍋中倒入水、醋、糖和鹽。

5• 加入去芽且壓碎的大蒜、胡椒粒、香菜籽和芥菜籽、月桂葉和百里香。加熱至第一次煮沸。

6• 用大湯勺將仍沸騰的醃漬液淋在蔬菜上。將罐子蓋好，在常溫下放涼，接著冷藏保存一周後再食用。

組裝與裝飾

MONTAGE ET DÉCOR

Garnir et façonner des saucisses
灌香腸與塑形

食材
腸衣
香腸肉餡

器材
香腸打孔器
手動灌腸機

1 • 將洗淨的腸衣（見52頁技法）套在手動灌腸機的套管上。

2 • 慢慢轉動灌腸機，輕輕將肉餡灌入腸衣中，在末端打個結，接著繼續灌入肉餡。

3 • 當灌完肉餡，但還有多餘腸衣時，預留約4至5公分處將腸衣切斷打個結。

4 • 將香腸捲成螺旋狀，接著用香腸打孔器在整個表面規則地戳洞。

5 • 約間隔10幾公分為1段，轉緊並轉2至3圈。

6 • 重複同樣的程序直到最後。

7 • 你的香腸已經完成，可供烹煮。

Ficeler
綁繩

準備時間
15 分鐘

器材
料理繩
剪刀

食材
（牛）里脊肉

1 • 將繩子橫向繞過肉塊約一半的高度，繞1圈，一邊緩慢拉長繩子。

2 • 在一側將繩子交叉。

3 • 將繩子從肉塊的下方穿過。

4・ 再將繩子拉至表面。

5・ 在表面打個結。

6・ 開始用繩子繞肉塊一圈。

7・ 每圈務必保持約2公分的固定間隔。

Ficeler (suite)
綁繩（續）

8 • 繞至末端時，將繩子穿過前一個間隔的中央，再繞1圈。

9 • 最後打1個結。

10 • 將繩子剪斷。

11 • 再打1個結，剪去多餘的繩子。

Monter une terrine avec une crépine
網油組裝凍派

食材
豬油
肉餡
薄片肥肉（Barde）
調味香草
網油（Crépine）

器材
手套
自選形狀的陶罐

1• 在模具內鋪上豬油，接著倒入肉餡。

2• 將薄片肥肉切成寬約1.5公分共6條。

3• 在凍派表面將肥肉條排成格子狀。

4 • 擺上調味香草，接著蓋上預先處理好的網油（見54 頁技法）。

5 • 用刀切去多餘的網油。

6 • 將網油塞入陶罐內。輕輕按壓凍派表面，略為壓平。

Monter une terrine avec une pâte
派皮組裝凍派

食材
派皮麵團（Pâte à pâté）

蛋液
蛋 1 顆
蛋黃 1 顆
全脂牛乳 10 克

器材
扣環酥皮肉派模（Moule à pâté
croûte à charnières）
手套
料理刷
尺
擀麵棍

1 • 將派皮擀至約 5 公釐厚的長方形。擺上酥皮肉派模，修整邊緣。

2 • 以 45 度傾斜模具 2 次，輕輕按壓以標記派皮，並在相距 2 公分處將多餘的派皮切下。用刀標記與模具齊平的寬度。

3 • 用尺輔助，裁去兩端。

4 • 將派皮放入模型中，鋪至兩側。

5 • 切出2條用於側邊的條狀派皮。

6 • 用料理刷為模型內的派皮邊緣刷上少許蛋液。

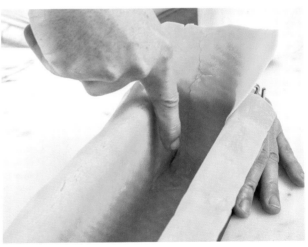

7 • 將條狀派皮擺入側邊，按壓密合。

Monter une terrine avec une pâte (suite)
派皮組裝凍派（續）

8 • 將突出的派皮邊緣刷上蛋液。

9 • 將派皮邊緣向內捲起。

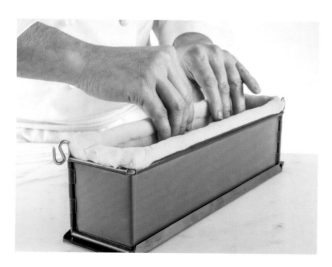

10 • 務必讓派皮密合。

11 • 填入肉餡。

12 · 將周圍的派皮刷上蛋液，接著將另1塊長方形派皮切成模型大小。

13 · 擺上長方形派皮。

14 · 沿著肉餡，用手指按壓派皮。

15 · 去掉多餘的派皮後，再刷上蛋液進行烘烤。

Verser de la gelée de cuisson
注入烹煮湯凍

食材
烹煮湯凍（見 70 頁技法）
陶罐或酥皮肉派模

器材
花嘴
大湯勺
尖嘴玻璃杯

1 • **用於凍派。**
  用大湯勺將湯凍淋在表面，並淋至模型邊緣。

2 • **用於酥皮肉派。**
  將花嘴插入排氣口，接著倒進湯凍，直到肉派無法
  再吸收湯汁。

Monter une tourte
餡餅組裝

食材
反折千層派皮（Pâte feuilletée
inversée，見 58 頁技術）
自選的肉餡

蛋液
蛋 1 顆
蛋黃 1 顆
全脂牛乳 10 克

器材
料理刷
擀麵棍
直徑差 2 公分的塔圈（或蓋子、
盤子）2 個

1・ 將派皮擀至 2 公釐的厚度，接著切出 2 個圓餅。

2・ 將較大塔圈切出的派皮擺在鋪有烤盤紙的烤盤上，
接著用料理刷在邊緣 2 公分處刷上蛋液。

Monter une tourte (suite)
餡餅組裝(續)

3 • 將肉餡倒在中央,不要鋪至塗有蛋液處。

4 • 擺上第2片較小的圓餅狀派皮,接著將底部派皮的邊向上折起。

5 • 在餡餅上鋪一張烤盤紙和1個正面朝下的披薩烤盤或其他烤盤,整個輕輕地翻面。

6 • 為餡餅刷上蛋液。依據食譜指示,例如可撒上芝麻,並劃出排氣口。

Décorer une terrine
裝飾凍派

食材
酥皮肉派（Pâté en croûte）

蛋液
蛋 1 顆
蛋黃 1 顆
全脂牛乳 10 克

器材
直徑約 5 公釐的圓口花嘴
不同尺寸的圓形小壓模
派皮花邊夾（Pince à chiqueter）
料理刷
金屬籤（Pique à brochette 或
圓頭的尖狀器具）

1 • 可用派皮花邊夾製作漂亮的邊。以固定間距為派皮夾出斜紋花邊。

2 • 用圓口花嘴標記排氣口位置，接著用刀將派皮取下。

3 • 可裁切成圓形、圓環形…任何你想要的形狀。

4 · 刷上蛋液，接著將環形派皮擺在排氣口周圍。

5 · 可用金屬籤沿著邊緣製作小切口。

6 · 將所有飾品擺在酥皮肉派上。

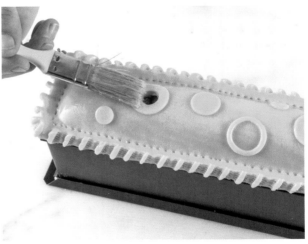

7 · 最後再為整體刷上蛋液。

配方
LES RECETTES

派皮料理、餡餅和塔

PÂTES, TOURTES ET TARTES

PITHIVIERS
COMME UN BARBAJUAN
炸餃風味皇冠派

6 人份

準備時間
1 小時

冷藏時間
2 小時

加熱時間
45 分鐘

保存時間
冷藏 3 日

器材
直徑 18 公分且高
2 公分的塔圈
(Cercle à tarte)
漏勺
料理刷

食材
反折千層派皮
(feuilletage inversé
見 58 頁技法)
600 克

綠色配料
Garniture verte
韭蔥的蔥白 (blanc
de poireaux) 90 克
白洋蔥 50 克
橄欖油 15 克
鹽 4 克
白胡椒 2 克
新鮮菠菜 250 克
甜菜葉 (vert de
blette) 250 克
細香蔥 (cibou-
lette) 6 克
蛋 50 克
肉豆蔻 0.5 克
帕馬森乳酪 35 克
瑞可塔乳酪 (ricot-
ta) 85 克

蛋液
蛋 50 克
蛋黃 25 克
35%的液態鮮奶油
12 克

綠色配料 GARNITURE VERTE
清洗韭蔥的蔥白。和洋蔥一起切碎。在放有少許橄欖油的燉鍋中，以小火將洋蔥和韭蔥的蔥白炒至出汁，但不要上色。加蓋，以小火慢燉 20 分鐘，煮至蔬菜軟化。移至容器中，在表面覆蓋上保鮮膜，接著冷藏保存至組裝的時刻。去掉菠菜和甜菜葉不要的部分，清洗後瀝乾。用加了鹽的沸水煮 3 至 4 分鐘。取出後立即將綠葉（菠菜和甜菜葉）浸入一盆冰水中冰鎮。瀝乾，按壓以盡可能排出所有水分，接著用刀約略切碎。將細香蔥切碎。在沙拉碗中放入綠葉和軟化的洋蔥和韭蔥。混入預先打散的蛋，加入調味料、肉豆蔻、帕馬森乳酪、瑞可塔乳酪、切碎的細香蔥和 15 克的橄欖油。用刮刀拌匀。如有需要，可調整味道。

組裝
將派皮擀至 3 公釐的厚度。切成 2 個圓餅，一個直徑 26 公分，另一個 28 公分。將較小的圓餅擺在鋪有烤盤紙的烤盤上。在這圓餅中央放上塔圈，填入綠色配料。用刷子在圓餅周圍刷上蛋液。將塔圈取下，擺上較大的圓餅。將兩個餅皮密合，並用鋒利的刀在周圍切出半圓形的飾邊。為皇冠派刷上蛋液，冷藏保存至少 2 小時。刷上第 2 次蛋液，並依個人喜好進行裝飾。入烤箱以 200°C（溫控器 6/7）烤 10 分鐘，接著將溫度調低為 180°C（溫控器 6），烤 20 分鐘，然後再繼續以 150°C（溫控器 5）烤 15 分鐘。

KOULIBIAC DE SAUMON, RIZ VÉNÉRÉ

鮭魚黑米餡餅

6 人份

準備時間
1 小時 40 分鐘

烹調時間
1 小時 10 分鐘

冷藏時間
1 小時

保存時間
冷藏 3 日

器材
漏斗型網篩
網篩
小型醬料攪拌器
料理刷
直徑 16 公分的平底
煎鍋
溫度計

食材
去皮鮭魚片 500 克
橄欖油
快速千層麵團（見
58 頁技法）1 公斤
水煮蛋 5 顆
羅勒 20 克
鹽、胡椒

炒蘑菇碎
紅蔥頭 75 克
大蒜 5 克
蘑菇 750 克
奶油 30 克
家禽白色高湯
200 克
蘑菇醬（先前步驟）
40 克
鹽、胡椒

蘑菇醬
奶油 25 克
T65 麵粉 25 克
細鹽 3 克
白胡椒 1 克
肉豆蔻 0.5 克
蘑菇汁 250 克
檸檬汁 15 克

香草可麗餅
平葉巴西利葉 3 克
細香蔥 3 克
香葉芹 3 克
T65 麵粉 60 克
砂糖 1 克
細鹽 1 克
小蘇打粉 0.25 克
蛋 50 克
全脂牛乳 125 克
橄欖油 8 克

黑米
紅蔥頭 50 克
橄欖油 20 克
黑米 100 克
家禽白色高湯
250 克
蘑菇醬（先前步驟）
40 克

蛋液
蛋 1 顆
蛋黃 1 顆
鹽 1 撮

炒菠菜
菠菜 500 克
奶油 30 克
蘑菇醬（先前步驟）
20 克
細鹽

鮭魚

將鮭魚片去皮去骨（見45頁技法）。將魚片切成約20×7公分的長方塊。用鹽為鮭魚片的兩面調味。加熱平底煎鍋，油煎魚片的每一面（煎至定型，但務必不要煎熟）。蓋上保鮮膜，以冷藏的方式快速冷卻。

炒蘑菇碎

將紅蔥頭切碎，將大蒜去芽切碎。清洗蘑菇後，去梗後切碎。在平底煎鍋中，用奶油將紅蔥頭和大蒜炒至出汁。加入蘑菇、家禽白色高湯、鹽。加蓋，以小火煮15分鐘。用漏斗型網篩過濾，按壓以收集湯汁。

蘑菇醬

在平底深鍋中，混合奶油和麵粉，製作油糊（roux blanc）。加入鹽、胡椒和肉豆蔻。將蘑菇湯汁倒入油糊中，一邊用小型攪拌器攪拌。煮沸，續煮2分鐘。確認調味，加入檸檬汁，移至容器中，在表面覆蓋上保鮮膜，以冷藏方式冷卻。在蘑菇醬冷卻時，混入炒蘑菇碎中。

香草可麗餅

將香草切碎。混合麵粉、糖、鹽和小蘇打粉。加入蛋和一半的牛乳。拌勻後，倒入剩餘的牛乳。最後加入油和香草碎。冷藏保存4小時。在直徑16公分的平底煎鍋中，製作6片可麗餅。

黑米

將紅蔥頭去皮切碎。在平底煎鍋中，用橄欖油炒至出汁，接著加入米。翻炒至整體形成珠光時，倒入白色高湯，加蓋煮約30分鐘。煮好後，用蘑菇醬勾芡。在表面覆蓋上保鮮膜，冷藏保存至組裝的時刻。

炒菠菜

將菠菜去梗清洗。在大型平底深鍋中，用奶油炒至出汁，加鹽，加蓋煮5分鐘。用網篩瀝乾並按壓。加入蘑菇醬，為炒菠菜勾芡，冷藏保存。

組裝

將水煮蛋的蛋白和蛋黃分開切碎。一起冷藏保存至組裝的時刻。將千層派皮擀薄至3公釐的厚度，接著裁成1塊30×22公分的長方形派皮，和1塊35×45公分的派皮。包上保鮮膜，冷藏保存至組裝的時刻。在工作檯上鋪保鮮膜，稍微交疊地擺上4片可麗餅，接著疊上所有材料：在中央放上一層大小同鮭魚片的米飯，鋪至1公分厚。以同樣方式鋪上炒菠菜、炒蘑菇碎和切碎的蛋，鋪至5公釐厚。擺上鮭魚片，蓋上羅勒葉。反向鋪上一層碎蛋、炒蘑菇碎和炒菠菜。蓋上剩下的2塊可麗餅，用保鮮膜封好，形成長條狀。冷藏保存2小時以定型。

取下保鮮膜，將冰鎮好的組裝食材擺在一張長方形的千層派皮上。用刷子在周圍刷上蛋液，蓋上第二張長方形派皮。按壓密合處，同時避免形成摺痕。為整個餡餅刷上蛋液。用裁下的派皮切出1條1公分長，擺在餡餅周圍並仔細密合。將餡餅的邊緣裁出圓耳狀的花邊裝飾。

將整個餡餅刷上蛋液，冷藏保存至少1小時，再刷上一次蛋液，用刀尖在表面劃上裝飾，並在中央挖出1個排氣口。入烤箱以220℃（溫控器7/8）烤約10分鐘，接著以180℃（溫控器6）烤25分鐘，烤至內部溫度為45℃。

COUSSIN DE LA BELLE AURORE
美女歐若拉之墊

12 人份

準備時間
45 分鐘

烹調時間
1 小時 50 分鐘

冷藏時間
24 小時

保存時間
冷藏 4 日

器材
直徑 2 公分的花嘴
派皮花邊夾
料理刷
溫度計

食材
派皮麵團（見 62 頁技法）1.8 公斤
烹煮湯凍（見 70 頁技法）400 克

肉餡
切碎的豬五花 400 克
蛋 2 顆
切碎開心果 70 克
全脂牛乳 120 克
切碎的小牛五花 400 克
鴨胸肉（filet de canard）250 克
珍珠雞胸肉（filet de pintade）250 克
去除靜脈的肥肝（見 48 頁技法）250 克
燉小牛胸腺（ris de veau braisés）300 克
無花果乾 100 克
松露碎（或切碎的灰喇叭蕈）70 克

調味料 1 號
細鹽 14 克
白胡椒 2.5 克
肉豆蔻 0.5 克
未精煉蔗糖（sucre rapadura）2.5 克

調味料 2 號
細鹽 24 克
白胡椒 4 克
肉豆蔻 0.5 克
未精煉蔗糖 4 克

蛋液
蛋 1 顆
蛋黃 2 顆

肉餡
前 1 天

為調味料1號秤重，分成2份。以一半的調味料1號為切碎的豬五花調味。用刮刀拌勻，接著混入1顆蛋、開心果和一半的牛乳。拌勻，在表面覆蓋上保鮮膜，冷藏保存至組裝的時刻。用另一半的調味料1號為小牛五花調味。加入第2顆蛋和剩餘的牛乳。拌勻，在表面覆蓋上保鮮膜，冷藏保存至組裝的時刻。為調味料2號秤重，分成3份。將鴨胸肉從長邊切成寬2公分的塊狀，用1/3的調味料2號調味，在表面覆蓋上保鮮膜，冷藏保存至組裝的時刻。以同樣方式處理珍珠雞胸肉和1/3的調味料。將肥肝剖半（見48頁技法），用最後1/3的調味料2號為整個肥肝調味。在表面覆蓋上保鮮膜，冷藏保存至組裝的時刻。

組裝
隔天

將肥肝和小牛胸腺切成邊長2公分的條狀。將無花果切成厚5公釐的細條。將派皮麵團擀成一張厚6公釐且約25×35公分的長方形派皮，構成墊子的基底。再擀另一張比第一張長方形派皮，每邊更寬25%的長方形派皮，接著用保鮮膜包好，冷藏保存至組裝的時刻。將基底派皮擺在鋪有烤盤紙的烤盤上。鋪上所有的小牛肉餡，邊緣務必保留3公分以上的空間。撒上松露碎，接著在長邊擺上各種鴨胸肉條、珠雞胸肉條、肥肝條和小牛胸腺條，每次務必以不同種類的肉條交錯排列。最後擺上豬五花肉餡。視基底派皮而定，可分幾層組裝，但最後永遠要擺上一層肉餡。為邊緣刷上蛋液，接著擺上第二塊長方形派皮，緊緊貼著肉餡，並在邊緣稍微按壓，以利密合。將四邊的邊緣切割整齊（只要切幾公釐），用夾子在周圍夾出花邊，視個人喜好在表面進行裝飾，接著為整個餡餅刷上蛋液。用花嘴在中央戳1個2公分的洞，接著倒入預先加熱的烹煮湯凍。將烤箱預熱至220℃（溫控器6/7），入烤箱以200℃（溫控器6/7）烤35分鐘，接著將烤箱溫度調低為90℃（溫控器3）烤約1小時15分鐘，烤至內部溫度為68℃至70℃之間。

PÂTÉ EN CROÛTE VOLAILLE ET RIS DE VEAU

家禽和小牛胸腺的酥皮肉派

10 人份

準備時間
1 小時

烹調時間
2 小時 30 分鐘

冷藏時間
12 小時

保存時間
冷藏 5 日

器材
漏斗型網篩
絞肉機
重石（Billes de céramique）
30×7 公分且高 8 公分的酥皮肉派模
手套
料理刷
擀麵棍
溫度計

食材
派皮麵團 1.2 公斤
豬肉凍（gelée de cochon）300 克

酥皮肉派肉餡 Farce à pâté en croûte
豬五花 300 克
豬上頸肉（échine de porc）200 克
白波特酒 30 克
蛋 50 克
全脂牛乳 30 克
烹煮小牛胸腺的湯汁 75 克

調味料 1 號
細鹽 8 克
砂糖 2 克
抗壞血酸 1.25 克
白胡椒 1.5 克
五香粉 0.5 克
肉豆蔻 0.25 克

提味肉餡 Marquants
小牛胸腺（Ris de veau）250 克
胡蘿蔔 25 克
白洋蔥 25 克
奶油 20 克
白酒 50 克
白波特酒 25 克＋ 20 克
小牛高湯（fond de veau）150 克
香草束（bouquet garni）1 束
豬肩肉 400 克
自選的家禽胸肉（filet de volaille）250 克
蔓越莓乾 25 克
去皮開心果 25 克
細鹽、白胡椒

調味料 2 號
細鹽 10 克
砂糖 2.5 克
抗壞血酸 1.5 克
白胡椒 2 克
五香粉 0.5 克
肉豆蔻 0.25 克

蛋液 Dorure
蛋 50 克
蛋黃 25 克
35%的液態鮮奶油 12 克

酥皮肉派的肉餡

將肉（五花和頸肉）切成3公分的塊，用調味料1號和波特酒調味，覆蓋上保鮮膜，冷藏12小時。

提味肉餡

準備並處理小牛胸腺（見50頁技法）。將胡蘿蔔和洋蔥去皮切碎。用刀在小牛胸腺的幾個地方戳洞，在平底煎鍋中以奶油油煎。煎至每一面都略為上色後，從鍋中取出。在同一個平底煎鍋中，將切碎的蔬菜連同切下的碎屑一起炒至出汁，但不要上色。去掉鍋中的油，將小牛胸腺加入蔬菜中。倒入白酒溶出鍋底精華，將湯汁煮至濃縮。倒入25克的波特酒，接著加入褐色高湯、香草束，調整味道。加蓋，入烤箱以200℃（溫控器6/7）烤20分鐘。烤好後，在常溫下放至微溫。取出小牛胸腺，用漏斗型網篩過濾湯汁。戴上手套，接著將小牛胸腺剝成小塊，蓋上保鮮膜，冷藏保存作為肉餡的備料。將豬肩肉和家禽胸肉切成2公分的塊，用調味料2號和剩餘的波特酒調味。在表面覆蓋上保鮮膜，冷藏12小時。將蔓越莓浸泡在溫水中1小時，瀝乾，蓋上保鮮膜，冷藏保存。在裝有沸水的平底深鍋中，燙煮開心果1分鐘。用漏斗型網篩過濾，用冷水沖洗。

酥皮肉派肉餡（續）

將豬五花和豬上頸肉放入絞肉機（孔洞6公釐的出料片）中絞碎。在容器中混合形成的肉餡和提味肉餡（豬肩肉、家禽肉與胸腺）及蛋。加入開心果、蔓越莓、牛乳，以及75克的胸腺烹煮湯汁。在表面覆蓋上保鮮膜，冷藏保存，利用這段時間在模具內鋪上派皮麵團。

組裝

混合所有蛋液的材料。將派皮麵團擀至4公釐的厚度，用來鋪在模具內部，並保留一片與模具大小相同的派皮（見118頁技法），用來覆蓋。在模具內部鋪上派皮，用蛋液黏合，並鋪上重石。入烤箱以145℃（溫控器4/5）烤40分鐘。烤好後，放涼，移去重石。在模具內填滿肉餡。用料理刷為派皮邊緣刷上蛋液，接著蓋上保留的派皮。將邊緣密合，刷上蛋液，接著用刀尖在表面劃上對稱的切口。製作3個排氣口（見126頁技法），入烤箱以180℃（溫控器6）烤15分鐘，接著繼續再以85℃（溫控器2/3）烤約1小時30分鐘，烤至內部的溫度為72℃。在常溫下放涼約1小時。在酥皮肉派快烤好時，將豬肉凍加熱至90℃。從排氣口倒入，直到完全吸收（見122頁技法）。冷藏保存12小時後再品嚐。

FILET DE BŒUF EN CROÛTE
酥皮菲力牛排

5 人份

準備時間
45 分鐘

烹調時間
40 分鐘

冷藏時間
2 小時 20 分鐘

冷凍時間
15 分鐘

保存時間
冷藏 3 日

器材
網架
料理刷
網狀派皮滾刀
（Rouleau à filet de
pêche）
擀麵棍
溫度計

食材
奶油 20 克
牛里脊（rôti de filet
de bœuf）
750 克
快速千層麵團（見
58 頁技法）800 克
生火腿 90 克
炒蘑菇碎 200 克
鹽、胡椒

蛋液
蛋 1 顆
蛋黃 2 顆

在平底煎鍋中放入1塊核桃大小的奶油，將牛里脊的每一面煎至漂亮的顏色。加鹽和胡椒調味。在網架上靜置約15至20分鐘，接著包上保鮮膜，冷藏保存。

將派皮麵團擀成一片約20×30公分且厚3公釐的長方形派皮（基底）、一片約35×45公分且厚3公釐的長方形派皮（用於覆蓋），和一片約15×30公分且厚3公釐的長方形派皮（裝飾）。包上保鮮膜，冷藏保存。

在工作檯上鋪保鮮膜用來包覆牛里脊肉，鋪上面積足以包裹牛里脊肉的生火腿。在火腿上鋪1公分厚的炒蘑菇碎。去掉牛里脊的保鮮膜，將牛里脊擺在炒蘑菇碎上。用保鮮膜整個捲起，收緊兩端，冷凍15分鐘，讓整體變得更結實。

用蛋和蛋黃製作蛋液。

在鋪有烤盤紙的烤盤上，擺上第一片長方形派皮。在邊緣刷上寬4公分的蛋液。去掉將捲起牛里脊的保鮮膜，將牛里脊擺在派皮中央。鋪上第二片長方形派皮，鋪平以貼合牛里脊的形狀，輕輕按壓牛里脊周圍以密合。修整邊緣，形成規則的長方形（邊緣最多留3公分），整個刷上蛋液。

用網狀派皮滾刀在最後一片長方形派皮上擀壓形成網格狀，接著鋪在表面。刷上蛋液，用金屬籤在邊緣戳洞，以利密合和之後的膨脹，接著冷藏靜置2小時。將烤箱預熱至200℃（溫控器6/7）。

將牛里脊從冰箱中取出，再度刷上蛋液。入烤箱烤10分鐘，接著將溫度調低至180℃（溫控器6），烤30分鐘，讓內部的溫度為45℃。

VOL-AU-VENT
中空酥盒

4 人份

準備時間
3 小時

烹調時間
2 小時 15 分鐘

保存時間
1 日

器材
擠花袋
吸水紙
料理刷
食物處理機
擀麵棍
溫度計

食材

配料
小牛胸腺 400 克
白醋 100 毫升
番杏（Tétragone）
150 克
蘑菇 200 克
奶油 60 克
花生油 50 毫升
奶油 50 克

肉丸 Farce fine
雞胸肉（blanc de
poulet）250 克
蛋白 50 克
35%的液狀鮮奶油
150 毫升
松露 20 克
鹽、胡椒

家禽 Volaille
雞佛（rognons de
coq）100 克
粗粒灰鹽
雞冠 200 克
麵粉 50 克
白醋 50 毫升
雞翅 4 隻

雞汁
Jus de poulet
紅蔥頭 100 克＋
100 克
大蒜 5 瓣
百里香 1 小枝
月桂葉 1 片
帶翼骨的雞胸（su-
prêmes de poulet）
2 塊
螯蝦（écrevisses）
12 隻
干邑白蘭地 50 毫升

酥皮 Pâte
快速千層麵團（見
58 頁技法）500 克
蛋黃 10 克
35%的液狀鮮奶油
50 毫升
花生油 50 毫升
奶油 20 克

最後修飾
蘑菇 1 大顆
番杏葉（Feuilles de
tétragone）
萬壽菊花瓣
（Pétales de
tagète）

配料

用醋水燙煮小牛胸腺10分鐘。瀝乾，接著去膜。壓著重物，冷藏保存2小時。清洗番杏。將蘑菇切片，接著在平底煎鍋中用一半的奶油煎炒，加入少許水，用大火加熱5分鐘。用剩下的奶油炒番杏。

肉丸

為雞胸肉去除筋膜，切塊，連同鹽和蛋白一同放入食物處理機中攪打。用網篩過濾，讓肉餡變得平滑，混入鮮奶油後下墊在一層冰塊上。將松露切碎，加入肉餡中，調味。將20克的肉餡保存在擠花袋中，冷藏30分鐘。用小湯匙將肉餡塑形成小丸子狀，用加了鹽的沸水燙煮。煮好後，移至吸水紙上。

家禽

將雞佛放入大量加鹽冷水中，煮沸燙煮10分鐘，預留備用。為雞冠抹上粗粒灰鹽，用加了鹽的沸水燙煮5分鐘。同時，取另一鍋，在水中加入麵粉（1比1的比例），加入白醋和粗鹽。將雞冠放入這白色麵粉水中烹煮（內臟的烹煮方式），微滾1小時。將雞翅從關節處切下，形成3個部分，保留中段，為另外二個部分去骨，塞入剩餘的肉餡。用保鮮膜捲起成長條狀，用加了鹽的沸水燙煮或蒸煮。為腿翅保留1根骨頭。

雞汁

在平底煎鍋中翻炒剩餘的雞翅塊、100克切碎的紅蔥頭、帶皮大蒜、百里香和月桂葉，接著加入1公升的水，開始製作雞汁。為雞胸連翼調味，包上保鮮膜，使其形狀像雞翅。以蒸烤箱62℃烤至內部溫度為62℃。將剩餘的紅蔥頭切碎，為螯蝦去除腸泥。在煎炒鍋中，將紅蔥頭和螯蝦炒至出汁，待蝦殼變紅後，倒入干邑白蘭地溶出鍋底精華。加蓋煮10分鐘。為螯蝦去殼，將殼加入雞汁中。

派皮

用擀麵棍將千層麵團擀至5公釐厚，裁成25×20公分的長方形，冷藏保存20幾分鐘。混合蛋黃和液狀鮮奶油，製作蛋液。在千層麵皮兩側，沿著對角的邊緣劃出約1公分的「L」形切口（務必在每個「L」形距邊緣預留約1公分的空間，以免形成獨立的長方形和飾邊）。將二個切下「浮動」的L形拉向對側交錯，接著將邊緣捏緊，用刷子刷上蛋液二次（間隔10分鐘）。入烤箱以180℃（溫控器6）烤20分鐘，接著在烤好後移至網架上。

肉的烹調

在煎炒鍋中，用花生油和奶油將小牛胸腺，以及雞胸連翼和雞翅煎至上色。將雞冠從尖端處裁切成三角形。在另一個平底煎鍋中，煎雞冠和雞佛。過濾雞汁並煮至濃縮。

擺盤

切下中空酥盒的蓋子，形成凹槽。將雞胸連翼斜切。將所有材料排入中空酥盒內，淋上雞汁，接著以蘑菇片、番杏葉和幾片萬壽菊花瓣裝飾。

SAUCISSON, BRIOCHE FEUILLETÉE ET CONFIT D'OIGNONS
香腸千層布里歐佐糖漬洋蔥

4 人份

準備時間
40 分鐘

加熱時間
1 小時 15 分鐘

一次發酵 Pointage
2 小時 30 分鐘

冷藏時間
12 小時

冷凍時間
30 分鐘

保存時間
冷藏 3 日

器材
邊長 13×28 公分的
長方框模
邊長 13 公分的
正方框模
22×7 公分的
長方形蛋糕模
食物調理機
擀麵棍

食材
里昂香腸（saucisson
lyonnais）1 條

酸甜洋蔥
Confit d'oignons
紅洋蔥 250 克
橄欖油 10 克
未精煉蔗糖 25 克
巴薩米克醋 25 克
紅酒 25 克
鹽、胡椒

千層布里歐
Brioche feuilletée
精白麵粉（La farine
de gruau）200 克
新鮮麵包酵母 8 克
鹽 4 克
砂糖 24 克
冰涼的蛋（Œufs
froids）60 克
全脂牛乳 60 克
片狀奶油（beurre
de tourage）120 克
基本揉和麵團用
奶油（beurre de
détrempe）40 克

蛋液
蛋 1 顆
蛋黃 2 顆

香腸
剝除香腸的皮，將香腸冷藏保存。

酸甜洋蔥
將洋蔥切碎，在油中炒至出汁。加入糖，加蓋以小火煮 20 分鐘。倒入醋和酒，接著繼續以不加蓋方式煮約 30 分鐘。煮好後（洋蔥應能以手指輕易壓碎），調整味道，取出，在表面覆蓋上保鮮膜，保存在常溫下。

千層布里歐
將所有材料（基本揉和麵團用奶油除外）放入裝有揉麵鉤的攪拌缸內。以速度 1 揉麵 10 分鐘。加入片狀奶油，接著揉至奶油完全混入麵團中。蓋上保鮮膜，在常溫下發酵 1 小時。壓揉麵團，蓋上保鮮膜，冷藏 12 小時。再次壓揉麵團。擀成約 13×28 公分的長方形，冷凍 30 分鐘。將基本揉和麵團用奶油塑形成邊長 13 公分的正方形，放在長方形麵團上，進行 1 個雙折，接著擀開再進行 1 個單折（見 60 頁方法）。冷藏靜置 30 分鐘。將派皮擀成厚 4 公釐且較香腸寬 6 公分的長方形，包上保鮮膜，冷藏保存至組裝的時刻。

組裝
在長方形麵皮的中央擺上香腸。為長方形麵皮的上半部刷上蛋液，將香腸捲起。處理接合處的麵皮，將接合處朝上，用擀麵棍將麵皮的末端擀開一些，刷上蛋液，折起至香腸的一半，再翻轉香腸倒置（接合處朝下）。此階段，可按照個人喜好進行裝飾，接著放入預先刷上奶油的長方形蛋糕模中。在 27°C（溫控器 1）的烤箱中靜置膨脹 1 小時 30 分鐘。刷上蛋液，以 180°C（溫控器 6）烤 25 分鐘。可搭配酸甜洋蔥和芝麻葉（roquette）沙拉享用。

TOURTE DE COCHON, POMMES DE TERRE ET MORILLES
馬鈴薯羊肚蕈豬肉餡餅

6 人份

準備時間
3 小時

烹調時間
1 小時

靜置時間
30 分鐘

保存時間
4 日

器材
直徑 20 公分且高 10 公分的塔圈
直徑 25 公分且高 10 公分的塔圈
切割器（Cutter）
粗孔絞肉機
料理刷
擀麵棍
袋子（20×30 公分）＋真空包裝機

食材
快速千層麵團（見 58 頁技法）1 公斤

豬肉餡
Farce de cochon
豬上頸肉 500 克
新鮮豬五花 200 克
紅蔥頭 80 克
大蒜 3 瓣
平葉巴西利 1 束
鹽、胡椒

菇類
乾燥羊肚蕈 200 克
紅蔥頭 50 克
奶油 10 克
黃酒 100 毫升

馬鈴薯
馬鈴薯（Charlotte 品種）大顆 500 克
粗粒灰鹽

蛋液
35%的液狀鮮奶油 40 克
蛋黃 10 克

最後修飾
奶油

豬肉餡
將千層派皮擀至3公釐的厚度，裁成直徑25公分的2個圓餅，冷藏保存。將肉切塊，放入粗孔絞肉機中絞碎二次。將紅蔥頭和大蒜切碎，接著將巴西利葉切碎，加入肉餡中，調味，用手攪拌至均勻融合。

菇類
將羊肚蕈浸泡在溫水中15分鐘，接著將菇柄切下，將羊肚蕈切半，以確保充分洗淨。將紅蔥頭切碎，在平底煎鍋中用奶油炒至出汁。加入羊肚蕈，翻炒10幾分鐘，調味後倒入黃酒。

馬鈴薯
將馬鈴薯去皮、清洗，從長邊切成厚5公釐的薄片。用加鹽的大量沸水燙煮，但仍保留結實度。在直徑20公分的塔圈中，擺入馬鈴薯片，均勻鋪上豬肉餡和羊肚蕈。再次鋪上馬鈴薯和豬肉餡，最後再鋪上羊肚蕈。將組裝好的食材連同塔圈一起放入真空料理袋中，抽至真空，接著用蒸烤箱以85℃蒸50分鐘。取出放涼1小時。移去真空袋，用吸水紙將滲出的液體吸乾，擺在第1塊千層派皮上。移去塔圈，蓋上第2塊派皮，用手將派皮表面撫平，以排出空氣，接著將邊緣密合。用較大的塔圈切去多餘的派皮，在周圍形成整齊的圓邊。用切割器在餡餅周圍切出規則的三角形，接著在每個尖端中央劃出1道切口。冷藏保存15分鐘左右。

烘烤
混合鮮奶油和蛋黃，製作蛋液。靜置30分鐘後，將餡餅取出，在表面劃出條紋，並在中央挖出排氣孔。用刷子刷上2次蛋液，冷藏15分鐘，接著在烘烤前再刷上最後一次蛋液。放入餡餅模（或擺在鋪有烤盤紙的烤盤上），在預熱至180℃（溫控器6）的烤箱中烤35分鐘，接著以140℃（溫控器4/5）烤15分鐘。出爐時，輕輕刷上少許奶油增添光澤。

TERRINE DE CANARD
ET CHAMPIGNONS
蘑菇鴨肉凍派

6 人份

準備時間
1 小時 50 分鐘

烹調時間
1 小時 30 分鐘

保存時間
1 日

器材
漏斗型濾器
燉鍋
網架
料理刷
長 30 公分的陶瓷焗
烤皿（Plat sabot）

食材

鴨肉
番鴨（canard de
Barbarie）3 公斤
胡蘿蔔 150 克
洋蔥 150 克
百里香 1 小枝
月桂葉 1 片
花生油 100 毫升
蒜頭 1 顆
白酒 100 毫升
鹽、胡椒

配料
杏桃乾 200 克
蘑菇 400 克
平葉巴西利葉 1 束

最後修飾
快速千層麵團（見
58 頁技法）500 克
蛋黃 20 克
35% 的液狀鮮奶油
40 克

鴨肉
將鴨子的內臟掏空、去除胸骨，將翅膀和腳綁起（可請肉販幫忙
處理）。調味，放入燉鍋，以180℃（溫控器 6）烤箱烤45至50
分鐘，烘烤期間為鴨子淋上鴨油，接著在烤好後移至網架上。
將調味蔬菜（胡蘿蔔和洋蔥）切成碎丁，用鴨油、鴨子的烹煮汁
液，以及香草和帶皮大蒜翻炒。去除油脂，並將汁液煮至焦糖
化。倒入白酒溶出鍋底精華，將湯汁濃縮，接著再加入1公升的
水，保持微滾狀態煮25分鐘。

配料
用溫水將杏桃乾泡至膨脹。將蘑菇去皮、清洗，切成塊，炒至金
黃色，最後加上切碎的平葉巴西利葉。

最後修飾
將千層派皮擀至2公釐的厚度，切出1條寬5公分且周長同烤皿
的派皮。混合蛋黃和鮮奶油，製作蛋液。用料理刷為條狀派皮刷
上蛋液，接著貼在焗烤盤的凸邊，之後可用來固定千層派皮的蓋
子。取出鴨腿肉和鴨胸肉，去皮。將去骨腿肉切成大塊，將胸肉
切成3塊。將鴨骨壓碎，加入烹煮湯汁中。再煮20分鐘，過濾，
將湯汁收乾以濃縮味道，接著加入泡開的杏桃和炒好的蘑菇。

組裝
將切塊鴨肉、蘑菇和杏桃放入焗烤盤中。淋上濃縮湯汁，冷藏保
存至完全冷卻。將派皮擀成烤皿的形狀，覆蓋並在邊緣仔細貼合
條狀派皮，密合接口。視個人喜好用切剩的千層派皮碎料裝飾，
刷上2次蛋液，接著入烤箱以170℃（溫控器5/6）烤30分鐘。趁
熱享用。

ŒUFS MIMOSA
EN COMPRESSION DE PÂTE À CHOUX
壓縮泡芙魔鬼蛋

6 人份

準備時間
45 分鐘

烹調時間
30 分鐘

保存時間
1 日

器材
蜂巢狀或微孔矽膠
帶（Bandes de sili-
cone alvéolées ou
microperforées）
直徑 8 公分且高
2 公分的塔圈 6 個
網篩
擠花袋＋10 號星形
花嘴

食材

泡芙麵糊
Pâte à choux
全脂牛乳 112 克
水 112 克
奶油 115 克
鹽 4 克
糖 6 克
麵粉 140 克
蛋 230 克

魔鬼蛋
Œufs mimosa
蛋黃 9 顆
醋 1 小匙
美乃滋 50 克
鹽、白胡椒

美乃滋水煮蛋
Œufs mayonnaise
水煮蛋 4 顆
醋 1 小匙
美乃滋 150 克
細香蔥 ¼ 束
鹽、胡椒

最後修飾
直徑 1 公分的蛋白
圓片 18 片
用網篩過篩的蛋黃
2 顆
綠色酢漿草（oxalis
vert）1 盒
香菜苗（coriandre
cress）1 盒

泡芙麵糊
在平底深鍋中放入牛乳、水、奶油、糖和鹽，攪拌後煮沸。離火，一次混入麵粉，接著用刮刀攪拌，以小火加熱 2 分鐘，將麵糊的水分煮至蒸發。稍微冷卻，接著緩緩混入蛋液。將麵糊填入無花嘴的擠花袋內，塔圈內緣預先鋪上一條烘焙用矽膠帶，擠入 42 克的泡芙麵糊，最後再蓋上一片矽膠墊，壓上烤盤和重物。入烤箱以 170°C（溫控器 5/6）烤 30 分鐘，烤至上色。脫模，在泡芙的一側挖 1 個小洞，讓蒸氣釋放，在網架上冷卻。

魔鬼蛋
在煮沸的醋水中煮蛋 10 分鐘。浸入冷水中冷卻。剝殼後從長邊切半，將蛋黃用網篩過篩（保留蛋白作為美乃滋水煮蛋用），接著加入美乃滋拌勻，移至裝有星形花嘴的擠花袋中，冷藏保存至擺盤的時刻。

美乃滋水煮蛋
在煮沸的醋水中煮蛋 10 分鐘。浸入冷水中冷卻。在充分冷卻時，連同魔鬼蛋的蛋黃一起用刀切碎，接著加入美乃滋拌勻，並加入切碎的細香蔥。填入裝有 10 號花嘴的擠花袋，冷藏保存至擺盤的時刻。

擺盤
在泡芙底部劃開切口，擠入美乃滋水煮蛋。用裝有花嘴的擠花袋將魔鬼蛋擠成漂亮的圓花狀，再均勻地擠上美乃滋水煮蛋，最後再勻稱地擺上最後修飾的材料。

TRUCS **ET** ASTUCES **DE** CHEFS
必學主廚技巧

如果你沒有蜂巢狀或微孔矽膠帶（microperforées），
可使用烤盤紙。但泡芙的餅皮將會平滑無花紋。

CHOUX À L'AVOCAT ET AU CRABE
酪梨蟹肉泡芙

10 個

準備時間
45 分鐘

烹調時間
30 分鐘

保存時間
1 日

器材
水果挖球器
直徑 5 公分的圓形
壓模
網架
擠花袋 + 13 號花嘴
食物處理機
矽膠烤墊

食材

帕馬森乳酪酥
膏狀奶油 80 克
帕馬森乳酪粉
(parmesan en pou-
dre) 80 克
麵粉 40 克

泡芙麵糊
水 125 克
奶油 62 克
糖 2 克
鹽 2 克
麵粉 75 克
全蛋 110 克

植物碳餅皮 Pâte au charbon végétal
麵粉 100 克

奶油 60 克
冷水 30 克
鹽 1 撮
植物碳 (charbon
végétal) 1 小匙

酪梨蟹肉泥
酪梨 4 顆
青檸檬 ½ 顆
35%的液狀鮮奶油
200 毫升
碎蟹肉 (miettes de
crabe) 200 克
艾斯佩雷辣椒粉
(Piment d'Espe-
lette)
鹽

最後修飾
蟹肉 100 克
酪梨球 10 顆
紅色珍珠洋蔥
(oignons rouges
grelots) 3 顆
葡萄柚 1 顆
白蘿蔔 100 克
白蒜花 (fleurs d'ail
blanc) 10 朵
香菜葉幾片
紅脈酸模嫩葉
(vene cress)
幾片

帕馬森乳酪酥
混合所有材料，攪拌至形成糊狀。夾在 2 張烤盤紙中，擀至極薄，冷凍10分鐘。用直徑8公分的壓模裁成10個圓片狀。

泡芙麵糊
在平底深鍋中放入牛乳、水、奶油、糖和鹽，攪拌後煮沸。離火，一次混入麵粉，接著用刮刀攪拌，以小火加熱2分鐘，將麵糊的水分煮至蒸發。稍微冷卻，接著緩緩混入蛋液。將麵糊填入裝有13號花嘴的擠花袋，接著在鋪有烤盤紙的烤盤上用擠出10顆直徑8公分的大型泡芙麵糊。在每顆泡芙上擺上一片帕馬森乳酪酥圓餅。入烤箱以170℃ (溫控器5/6) 烤20幾分鐘。在網架上放涼後再進行裝填。

植物碳餅皮
製作塔皮，用裝有攪拌槳的食物料理機或手混合所有食材。夾在2張烤盤紙之間，擀薄，冷藏靜置30分鐘。裁成直徑5公分的10個圓餅，擺在烤盤墊上以170℃ (溫控器5/6) 盲烤 (à blanc) 15分鐘。預留備用。

酪梨蟹肉泥
將酪梨去皮、去核，用挖球器挖出10顆酪梨球作為最後裝飾用，用食物處理機攪打剩餘果肉和檸檬汁。加入液狀鮮奶油，用刮刀攪拌至平滑。加入碎蟹肉、青檸檬皮，接著調整味道，移至擠花袋中。

組裝
用尖頭花嘴在每個泡芙底部戳出1個洞，接著填入酪梨蟹肉泥。將泡芙倒置，用少許酪梨蟹肉泥貼上1片植物碳圓餅。再用最後修飾的所有材料在每個泡芙表面進行勻稱的裝飾：蟹肉、1顆酪梨球、1瓣葡萄柚、1片紅洋蔥和少許白蘿蔔絲…等。

PÂTÉ DE PÂQUES, SAUCE VERTE
復活節肉派佐青醬

6 人份

準備時間
2 小時

烹調時間
50 分鐘

保存時間
3 日

器材
食物料理機
漏斗型濾器
直徑 1 公分的圓形
壓模
網架
絞肉機
料理刷
食物處理機

食材

派皮麵團
Pâte à pâté
麵粉 500 克
奶油 200 克
鹽 10 克
糖 20 克
蛋黃 2 顆
熱水 150 克

復活節肉派肉餡
小牛腿肉（quasi de
veau）125 克
豬五花 250 克
洋蔥 ½ 顆
干邑白蘭地 50 毫升
波特酒 50 毫升
平葉巴西利 ¼ 束
龍蒿 3 枝
蛋 1 顆
鹽 10 克
胡椒粉 5 克

配料
鵪鶉蛋 12 顆
乾醃火腿（Jambon
sec）4 片

蛋液
蛋黃 2 顆
35%的液狀鮮奶油
2 大匙

青醬
香葉芹（cerfeuil）
1 束
龍蒿 3 枝
粗鹽 1 小匙
蛋黃 1 顆
芥末 1 小匙
花生油 150 毫升
橄欖油 150 毫升
水

最後修飾
苦苣沙拉
（Salade frisée）

派皮麵團

在裝有攪拌槳的食物料理機中，將麵粉、奶油、鹽和糖攪拌成砂狀。加入蛋黃和熱水。在麵團開始形成球狀時，揉麵，並稍微壓扁。包上保鮮膜，冷藏保存1小時後再使用。

復活節肉派肉餡

將小牛肉和五花肉切成大塊。將半顆洋蔥切成薄片，以少許奶油翻炒。混合肉塊、干邑白蘭地、波特酒和熟洋蔥。將所有食材和新鮮香草一起放入粗孔絞肉機絞碎（保留巴西利梗，作為製作青醬用）。混入蛋，調味。預留備用。

配料

將鵪鶉蛋煮7分鐘。剝殼，放入一盆冷水中冰鎮。將蛋的尖端切下，以縮短長度並有助於排列。預留備用。

組裝

將派皮擀成2個30×20公分且厚約5公釐的長方形。將派皮碎片擀成第3個同樣大小的派皮，冷藏靜置20分鐘，用圓形壓模將第3片派皮規則地挖空（可參考圖片），這片派皮將作為裝飾。將一半的肉餡鋪在底部長方形派皮上，逐一擺上鵪鶉蛋，並朝中央稍微輕壓，接著再鋪上剩餘的肉餡。在表面擺上火腿片，接著蓋上第2片長方形派皮，將接合處捏緊，仔細密合。

製作蛋液，混合蛋黃和鮮奶油，用料理刷將蛋液刷在派皮上。擺上第3片鏤空派皮。在邊緣刻出裝飾線條，刷上蛋液，接著冷藏靜置20分鐘。刷上第二次蛋液，入烤箱以200℃（溫控器6/7）烤25分鐘，接著再以160℃（溫控器5/6）烤20分鐘。擺在網架上，在常溫下放涼。

青醬

將巴西利梗（製作肉餡階段保留的）和新鮮香草等放入食物處理機。加入粗鹽、芥末和蛋黃，倒入橄欖油和花生油緩慢打勻。加入少量的水稀釋。用漏斗型濾器過濾，接著調整濃稠度和味道。

擺盤

將肉派切片，在微溫時搭配少量苦苣沙拉和青醬享用。

TOURTE DE CANARD FORESTIÈRE
森林鴨肉派

6 人份

準備時間
40 分鐘

烹調時間
40 分鐘

冷藏時間
2 小時

保存時間
3 日

器材
直徑 18 公分且高
4.5 公分的塔圈
花嘴
漏勺
蔬果切片器
（Mandoline）
派皮花邊夾
料理刷

食材
油封鴨腿（cuisses
de canard confit）
2 隻
馬鈴薯 150 克
新鮮羊肚蕈 90 克
乾燥羊肚蕈 50 克
紅蔥頭 100 克
干邑白蘭地 50 克
35%的液狀鮮奶油
350 克
巴西利 50 克
大蒜 10 克
派皮麵團（見 62 頁
技法）450 克
快速千層麵團派皮
（見 58 頁技法）
180 克

蛋液
蛋 25 克
蛋黃 20 克

配料
去除油封鴨腿周圍多餘的脂肪（另外保存），將腿肉放入烤箱，以 200℃（溫控器 6/7）烤20分鐘。將肉去骨並撕碎（見44頁技法）。將馬鈴薯去皮，用蔬果切片器切成3公分厚的薄片，然後在大量的煮沸鹽水中燙煮2分鐘。用漏勺將馬鈴薯取出，以冷水冷卻。清洗（新鮮和乾燥）羊肚蕈，從長邊切半。將紅蔥頭去皮切碎，在平底煎鍋中用少許鴨油翻炒，加入切好的羊肚蕈，接著倒入干邑白蘭地溶出鍋底精華。加入撕碎的鴨肉，倒入鮮奶油，以小火煮5分鐘，煮至形成均勻的混料。在常溫下放涼。將巴西利約略切碎，將去芽的大蒜切碎，全部混合至形成巴西利糊（persillade）。

組裝
將派皮麵團鋪在塔圈中，讓派皮超出邊緣1.5公分。在底部鋪上馬鈴薯片，加入一半的鴨腿肉混料，鋪上一半的巴西利糊，接著重覆同樣的步驟。將千層派皮擀開，裁成直徑18.5公分的圓。在周圍刷上蛋液，將圓形千層派皮覆蓋在組裝的肉派上。將邊緣捏緊，整個刷上蛋液。將邊緣捲起，形成長條狀，接著用派皮夾夾出花邊，再次刷上蛋液。冷藏靜置2小時。用刀尖在千層派皮表面劃出切口，並在中央挖一個洞作為排氣口（見126頁技法）。插入烤盤紙捲成的煙囪或1個花嘴。入烤箱以200℃（溫控器6/7）烤約10分鐘，接著以180℃（溫控器6）烤約30分鐘。

凍派與壓凍

TERRINES ET PRESSÉS

MOSAÏQUE DE FOIE GRAS DE CANARD AUX FIGUES
無花果鑲嵌鴨肝

10 人份

準備時間
50 分鐘

加熱時間
35 分鐘

冷藏時間
72 小時

保存時間
冷藏 12 日

器材
直徑 16×10 公分且
高 11 公分的長方形
陶罐
溫度計

食材
鴨肝 550 克
無花果乾 150 克
波特酒 80 克
八角茴香（anis
étoilé）1 顆
肉桂棒 1 根
鹽之花 1 克
三色胡椒粒（poivre
mignonnette）1 克
水 165 克
細鹽 7 克
胡椒粉 1.5 克
砂糖 2 克
紅椒粉（paprika）
1 克
肉豆蔻 0.5 克

用小刀去除肥肝的 2 條主要血管，盡可能小心地保存完整的肥肝（見 48 頁技法）。

在平底煎鍋中，將整顆肥肝的 2 面煎至上色，移至吸水紙上。為二面調味。

在平底深鍋中放入無花果、波特酒、八角茴香、肉桂、鹽之花和三色胡椒粒，加水微滾 15 分鐘。

瀝乾，移至盤中，在常溫下放至微溫。將無花果切成厚 5 公釐的薄片。

在陶罐中依序分層鋪上肥肝和無花果。在凍派表面覆蓋上保鮮膜，將陶罐封住，用刀尖戳洞。入烤箱以 65°C（溫控器 2/3）烤 20 分鐘，烤至內部溫度為 55°C。

烤好後，在表面放上重物，將鑲嵌鴨肝稍微壓實。冷藏保存至少 72 小時。

MARBRÉ DE PIGEON, VOLAILLE ET FOIE GRAS
鴿子家禽肥肝大理石凍

4 人份

準備時間
1 小時

冷藏時間
12 小時

加熱時間
45 分鐘

保存時間
5 日

器材
漏勺
網篩濾布（Étamine passe-bouillon）
長 30×4 公分且高 6 公分的酥皮肉派模
邊長 2 公分的方塊狀多孔矽膠連模
（Moule en silicone à empreintes de cubes）

食材

肉
皇鴿（pigeons impériaux）2 隻
雞胸連翼（su-prêmes de poulet）2 塊
肥肝 300 克
鹽、胡椒

家禽肉汁
Jus de volaille
家禽翅膀 1 公斤
花生油 20 毫升
紅蔥頭 100 克
大蒜 1 顆
百里香 1 小枝
月桂葉 1 片
奶油 50 克

雞與鴿肉凍
Gelée de pigeon et de poulet
吉利丁 10 片
（Bloom 200）
雞骨架 500 克
鴿子骨架
（先前步驟預留）
洋蔥 1 顆
胡蘿蔔 1 根
百里香 1 小枝
月桂葉 1 片
杜松子（baies de genièvre）5 顆
新鮮番茄 1 顆
韭蔥 1 根
醬油 50 毫升

最後修飾
萬壽菊葉幾枝

肉
將鴿子的腿肉和脊肉去骨，將肉取下。保留腿肉、翅膀和皮，用來製作鴿肉凍。為雞胸連翼去皮。取出里肌肉，同樣保留用來製作雞肉凍。為肥肝去除靜脈（見 48 頁技法），塑成長方形。用鹽和胡椒為鴿子肉、雞胸連翼和肥肝調味。依序填入酥皮肉派模，先從雞胸連翼開始，接著是肥肝，最後是鴿子肉。將模具壓緊並蓋上保鮮膜，以蒸烤箱 70°C 蒸烤 45 分鐘。烤好後，放涼並壓上重物，冷藏保存 12 小時。

家禽肉汁
將翅膀切成碎塊，在炒鍋以油煎炒上色。加入去皮並切成圓片的紅蔥頭、帶皮大蒜、百里香和月桂葉。加入奶油，倒入 3 次水溶出鍋底精華（déglacer），讓湯汁不會沾黏鍋底，接著用水淹過，微滾 40 分鐘，經常撈去浮沫，過濾，將湯汁收乾至形成如同半釉汁（demi-glace）般的質地。

雞與鴿肉凍
在一碗冷水中將吉利丁還原。將鴿子腿、翅膀和皮，以及雞骨、雞胸連翼的皮和里肌肉切碎。在炒鍋中，用少許油炒至上色，加入切成碎丁的洋蔥和胡蘿蔔、百里香、月桂葉、杜松子、切丁的番茄、切碎的韭蔥和醬油。微滾 1 小時 30 分鐘。用網篩濾布過濾，將湯汁收乾以濃縮味道。混入預先還原擰乾的吉利丁，接著將湯凍倒入矽膠模具中。冷藏保存 2 小時。

擺盤
每人切 2 片大理石狀的肉凍。湯凍脫模切小塊，也放入 2 塊。擠入幾滴家禽肉汁，加入萬壽菊葉，撒上 1 圈的胡椒和鹽。

PÂTÉ FAÇON GRAND-MÈRE
老奶奶肉醬

10 人份

準備時間
1 小時 30 分鐘

加熱時間
4 小時 30 分鐘

冷藏時間
36 小時

保存時間
冷藏 20 日

器材
絞肉機
自選形狀的陶罐
（容量 1 公升）
溫度計

食材

肉餡
家禽肝（foie de volaille）400 克
豬頸肉（gorge de porc）400 克
乾燥白吐司 70 克
全脂牛乳 70 克
灰蔥頭（échalote grise）30 克
大蒜 5 克
蘑菇 60 克
鵝油（graisse d'oie）足量
馬德拉酒（madère）40 克

平葉巴西利葉 15 克
百里香 1 小枝
月桂葉 1.5 片
蛋 70 克
35% 的液狀鮮奶油 70 克

調味料
細鹽 13 克
黑糖（sucre muscovado）4 克
白胡椒 3 克
四香粉（quatre-épices）1 克
肉豆蔻 1 克
抗壞血酸（acide ascorbique）1.5 克

最後修飾
薄片肥肉 1 片
三色胡椒粒（poivre mignonnette）70 克
網油（crépine）1 個
烹煮高湯凍（gelée de cuisson）150 克

肉餡

處理肝臟。去除靜脈和膽漬。將豬頸肉切成 4 公分的塊狀。混合所有調味料材料，分成 2 份。用一半的調味料為豬頸肉塊調味，讓調味料均勻分布。在表面覆蓋上保鮮膜，冷藏 12 至 24 小時。用另一半調味料為肝臟調味，同時加入抗壞血酸，拌勻。在表面覆蓋上保鮮膜，冷藏保存 24 小時。將白吐司切成 3 公分的塊狀，放入裝有牛乳的容器中浸泡至膨脹。將灰蔥頭切碎，大蒜去芽切碎。將蘑菇切碎。在平底煎鍋中，用少許鵝油將灰蔥頭炒至出汁，加入大蒜和蘑菇，接著將蘑菇釋出的水分煮乾。水分蒸發後，在常溫下放涼。用少許鵝油翻炒調味過的肝臟，務必要讓肝臟保持漂亮的粉紅色，倒入馬德拉酒，在常溫下放涼。將平葉巴西利葉切碎，並摘下百里香的葉片。將豬頸肉塊連同調味料一起放入絞肉機（出料片的孔洞直徑為 10 公釐）絞碎。將肝臟放入絞肉機（出料片的孔洞直徑為 8 公釐），接著放入灰蔥頭、百里香、月桂葉和白吐司塊。混合以上 2 種肉餡，接著用刮刀或手混入蛋和鮮奶油，拌勻。最後加入巴西利碎。

組裝

在陶罐內側刷上少許鵝油，填入肉餡，充分壓實（見 116 技法）。在陶罐上擺 1 片較小的正方形或菱形薄片肥肉。撒上三色胡椒粒。蓋上網油，收口務必塞入肉餡和陶罐的邊緣之間（見 116 頁的技法）。入烤箱以 180°C（溫控器 6）隔水加熱 20 分鐘，接著將烤箱溫度調低至 85°C（溫控器 2/3），再烤約 4 小時，烤至內部溫度為 80°C。在平底深鍋中，將烹煮湯凍煮至 90°C，讓湯凍融化。將陶罐從烤箱中取出，將湯汁倒出，去除餐盤周圍的雜質。將煮沸的烹煮湯凍倒入陶罐中。將烤盤（或其他重物）擺在肉醬上，稍微按壓（非必要），至少冷藏保存 12 小時後再品嚐。

PÂTÉ DE CAMPAGNE
鄉村肉醬

8 人份

準備時間
1 小時

烹調時間
5 小時 30 分鐘

冷藏時間
24 小時

保存時間
冷藏 20 日

器材
絞肉機
自選形狀的陶罐
（容量 1 公升）
溫度計

食材

肉餡 Farce
去皮豬頸肉（gorge découennée）600 克
肝 150 克
紅酒 40 克
紅蔥頭 20 克
洋蔥 40 克
大蒜 2 克
百里香 1 克
月桂葉 0.5 克
巴西利 15 克
蛋 75 克
全脂牛乳 37.5 克

調味料
細鹽 10 克
黑糖（sucre muscovado）4 克
白胡椒 2.5 克
四香粉（quatre-épices）0.5 克
肉豆蔻 0.5 克
抗壞血酸（acide ascorbique）1.5 克

最後修飾
薄片肥肉（barde）
¼ 片
網油 1 個
豬油 10 克
烹煮高湯凍（gelée de cuisson）150 克

肉餡
將所有調味料秤重，接著分為 4 克和 15 克，分別用來為肝和豬頸肉調味。將豬頸肉和肝分別切成 4 公分的塊狀。如上所述分別調味，並按比例加入紅酒。在表面覆蓋上保鮮膜，冷藏保存 24 小時。將洋蔥和紅蔥頭切碎。將大蒜去芽，將大蒜、百里香和月桂葉切碎。用少許豬油將上述所有食材炒至出汁，在常溫下放至完全冷卻。將肝放入絞肉機絞碎 2 次（出料片孔洞直徑 10 公釐）。將豬頸肉、洋蔥、紅蔥頭和約略切碎的巴西利放入同樣孔洞大小的絞肉機，絞碎一次。用刮刀或戴手套的手，加入蛋混合 2 份肉餡，接著逐量倒入牛乳，以形成均勻質地。

組裝
在陶罐內部鋪上少許豬油，填入肉餡，壓實。將 1.5 至 2 公分的薄片肥肉條交錯擺在肉餡表面（見 116 頁技法）。蓋上網油，收口務必塞入肉餡和陶罐的邊緣之間（見 116 頁的技法）。入烤箱以 180℃（溫控器 6）隔水加熱 20 分鐘，接著將烤箱溫度調低至 85℃（溫控器 2/3），再烤約 5 小時，烤至內部溫度為 82℃。在平底深鍋中，將烹煮湯凍微滾至融化。出爐時，傾斜陶罐，將湯汁倒出，去除陶罐周圍的雜質，倒入滾燙的烹煮湯凍（見 122 頁技法）。將烤盤擺在肉醬上，稍微按壓（非必要），至少冷藏保存 12 小時後再品嚐。

PÂTÉ DE FOIE
肝醬

12 人份

準備時間
1 小時

冷藏時間
24 小時

烹調時間
2 小時 15 分鐘

保存時間
冷藏 10 日

器材
絞肉機
食物料理機
網篩
自選形狀的陶罐
（容量 1.2 公升）
溫度計

食材
豬肝 400 克
細鹽 22 克
黑糖 6.5 克
白胡椒 4 克
煙燻紅椒粉（papri-
ka fumé）2 克
四香粉 1 克
肉豆蔻 1 克
抗壞血酸（acide
ascorbique）1.5 克
馬德拉酒（madère）
40 克
豬的軟脂肪（gras
de mouille de
porc）900 克
全脂牛乳 600 克
洋蔥 50 克
香草束（bouquet
garni）1 束
蛋 150 克
烹煮湯凍（非必要）
200 克
豬油足量

肝醬糊 APPAREIL À PÂTÉ DE FOIE
剔除肝的神經部分，切成約 4 公分的塊狀，接著調味（鹽、糖、紅椒粉、四香粉、肉豆蔻、抗壞血酸）。加入馬德拉酒，在表面覆蓋上保鮮膜，冷藏保存 24 小時。在平底深鍋中加熱牛乳，加入預先切碎的洋蔥和香草束。煮沸，接著熄火，加蓋浸泡 20 分鐘（請務必留意，牛乳很快就會黏鍋！）。將軟脂肪切成 4 至 5 公分的塊狀，在沸水中燙煮 3 分鐘，接著瀝乾。將軟脂肪放入絞肉機（孔洞直徑 3 公釐的出料片）絞碎。將香草束從牛乳中取出。在食物料理機中，攪打肝和蛋 2 分鐘。加入絞碎的軟脂肪，攪打 1 分鐘，接著倒入 60℃ 的牛乳，攪打至形成平滑的慕斯，注意溫度不得超過 45℃。

組裝
在陶罐內部刷上薄薄一層豬油。鋪上肝醬糊。入烤箱以 160℃（溫控器 5/6）隔水加熱 15 分鐘，接著將溫度調低至 85℃（溫控器 2/3），烤約 2 小時，烤至內部溫度為 75℃。在常溫下放涼，接著冷藏保存 2 小時。想要的話，也能為肝醬淋上預先加熱至 90℃ 的烹煮湯凍。

TERRINE DE SAUMON AUX FINES HERBES
碎香草鮭魚凍派

8 人份

準備時間
1 小時

加熱時間
45 分鐘

冷藏時間
12 小時

保存時間
冷藏 5 日

器材
果汁機
邊長 16 公分且高
4.5 公分的方框模
（Cadre）
漏勺
裝有花嘴的擠花袋
2 個
溫度計

食材
新鮮菠菜 200 克
去皮鮭魚片 1 公斤

鮭魚餡
Farce de saumon
鮭魚碎塊（parures
de saumon）240 克
35%的液態鮮奶油
240 克
蛋 24 克
細鹽 7.5 克
白胡椒 1 克

菠菜
在平底深鍋中，用大量沸騰的鹽水煮100克的菠菜4至5分鐘。煮好後，用漏勺將菠菜撈出，浸入冰水中，按壓以盡可能將水分擠出。用食物料理機將菠菜打成細碎，接著冷藏保存，以作為綠色肉餡的備料。在同一個平底深鍋中，用加了鹽的沸水煮剩餘的菠菜幾秒，立即放入冰水中冷卻。移至吸水紙上，冷藏保存至組裝的時刻。

鮭魚片 TRANCHES DE SAUMON
剔除鮭魚不要的部分（見45頁技法），保留切下的邊角碎塊作為肉餡。將鮭魚切成2個邊長16公分且厚1公分的正方形。包上保鮮膜，冷藏保存至組裝的時刻。

鮭魚餡
用鮭魚碎塊製作鮭魚餡（見78頁技法）。取320克的粉紅色鮭魚肉餡，填入擠花袋中，冷藏保存。用食物料理機攪打剩餘的鮭魚肉餡和打碎的菠菜。填入擠花袋，冷藏保存。

組裝
為矩形鮭魚片的2面撒上鹽和胡椒。將保鮮膜鋪在方框模上，形成「底部」，接著擺在可放入烤箱的平烤盤上。繼續組裝，依序擠上薄薄一層的粉紅色肉餡、綠色肉餡、水煮菠菜葉和矩形鮭魚片，接著是菠菜葉、綠色肉餡、鮭魚，再鋪上菠菜葉和粉紅色肉餡。用刮刀抹平，在表面覆蓋上保鮮膜。入烤箱以80℃（溫控器2/3）烤約45分鐘，烤至內部溫度為65℃。冷藏放涼12小時後再品嚐。表面可撒上切碎的開心果（份量外）。

PRESSÉ DE LÉGUMES AUX OMELETTES
蔬菜歐姆蛋壓凍

6 人份

準備時間
1 小時 30 分鐘

烹調時間
1 小時 30 分鐘

冷藏時間
2 小時

保存時間
2 日

器材
邊長 20 公分且高
4 公分的方框模
網篩
Robot chauffant具
加熱功能的多功能
料理機（Thermo-mix）

食材

蛋皮
Omelettes
蛋 12 顆
鹽、胡椒

洋蔥配料
紅洋蔥 4 顆
橄欖油
酒醋 2 大匙
紅糖（sucre roux）
2 大匙

甜椒配料
紅甜椒 2 顆
黃甜椒 2 顆
橄欖油

菠菜配料
新鮮菠菜 400 克
奶油 60 克
紅蔥頭 2 顆
鹽、胡椒

香草瑞可塔乳酪
Ricotta aux herbes
吉利丁 3 片（Bloom 200）
瑞可塔乳酪（ricotta）500 克
紅蔥頭 1 顆
龍蒿 ¼ 束
香葉芹（cerfeuil）¼ 束
鹽、胡椒

香草油
葡萄籽油（huile de pépins de raisin）200 克
巴西利梗（queues de persil）100 克
大蒜 1 瓣

蛋皮
打蛋，將蛋打散。加鹽和胡椒，接著製作4個漂亮的薄煎蛋。

洋蔥配料
將洋蔥去皮並切碎，接著在平底煎鍋中用橄欖油炒至出汁。炒至洋蔥呈現金黃色時，加入醋和糖，最後加蓋以小火煮20幾分鐘，煮至洋蔥軟化。放涼，保存至組裝的時刻。

甜椒配料
在烤盤上放甜椒和少許橄欖油，入烤箱以180°C（溫控器6）烤30幾分鐘。將甜椒去皮、去籽，接著保存至組裝的時刻。

菠菜配料
將菠菜去梗並清洗。在大型的平底深鍋中，用奶油和切成細碎的紅蔥頭快炒菠菜。用網篩瀝乾，仔細按壓，以擠出多餘的烹煮湯汁。將菠菜約略切碎，接著調整味道，保存至組裝的時刻。

香草瑞可塔乳酪
用冷水將吉利丁泡開，接著擰乾，隔水加熱至融化後，混入瑞可塔乳酪中拌勻。用切碎的紅蔥頭、龍蒿和香葉芹調味。

香草油
將所有食材放入具加熱功能的多功能料理機的攪拌缸中，以70°C和速度2攪打45分鐘。過濾，冷藏保存30幾分鐘後再使用。

組裝
用方框模裁切薄蛋皮，形成整齊的邊。在第1塊長方形的薄蛋皮上鋪薄薄一層香草瑞可塔乳酪，鋪上緊密排列的甜椒片，接著擺上第2塊長方形的薄蛋皮。加入洋蔥配料。在第3塊長方形的薄蛋皮上抹厚厚一層瑞可塔乳酪，擺在洋蔥配料上，再鋪上菠菜，接著是瑞可塔乳酪。最後放上第4塊薄蛋皮。冷藏保存2小時後再切片享用。

PRESSÉ DE LÉGUMES
蔬菜壓凍

8 人份

準備時間
1 小時

加熱時間
10 分鐘

浸泡時間
10 分鐘

冷藏時間
24 小時

保存時間
冷藏 2 日

器材
邊長 15 公分且高
4.5 公分的方框模
（Cadre）
料理繩
重物（Poids）

食材

蔬菜
綠蘆筍 ¾ 束
豌豆 450 克
四季豆（haricots
verts）120 克
帶葉迷你胡蘿蔔
（mini carottes
fanes）200 克
綠花椰小花球
（sommités de bro-
colis）275 克
塊根芹（céleri-rave）
150 克
韭蔥的蔥白 3 根
紅甜椒 2 顆
橄欖油

朱槿花凍
Gelée d'hibiscus
吉利丁 8.5 克
（Bloom 200）
水 160 克
乾燥朱槿花（fleurs
séchées d'hibis-
cus）3 克
細鹽

蔬菜
將蘆筍的頭切去 5 公分，尾端切去 3 公分。為豌豆去殼，以加了鹽的沸水（約 10 克／公升）煮約 5 分鐘。放入冷水冰鎮以中止烹煮，並讓葉綠素顯現。用食指和拇指擠壓豌豆，去除第 2 層皮。為四季豆撕去二側的粗纖維，以大量加了鹽的沸水煮約 7 分鐘。立即放入一盆冷水中冷卻。以同樣方式燙煮帶葉的迷你胡蘿蔔、綠花椰小花球，以及切成厚約 5 公釐的塊根芹薄片。用加了鹽的沸水燙煮整根的韭蔥蔥白 10 分鐘（應煮至刀尖能輕易地插入）。放入冰水中冷卻，接著將韭蔥從長邊切半。將甜椒擺在可放入烤箱的烤盤中，淋上橄欖油，入烤箱以 240℃（溫控器 8）烤 10 分鐘，記得經常翻面，以均勻上色。出爐時，用保鮮膜包起，在常溫下放涼。冷卻後，為甜椒去皮，切半後去籽。

朱槿花凍
將吉利丁放入冷水中泡開還原。熱水和朱槿花加蓋浸泡 10 分鐘。將朱槿花取出，仔細按壓，混入預先擰乾的吉利丁攪拌溶解。加鹽。

組裝
為方框模鋪上保鮮膜，形成底部，擺在平坦的烤盤上。進行組裝，依序鋪上蔬菜層（蘆筍、胡椒、韭蔥、四季豆、胡蘿蔔、塊根芹和綠花椰小花球），並交替倒入朱槿花凍，以凝結每一層的蔬菜。務必要組裝至略高於方框模的高度。在表面擺上正方形的烤盤紙，接著放上重物，稍微壓著蔬菜凍。冷藏保存至隔天。脫模，切片，擺盤。

可用白色高湯或澄清蔬菜高湯
來取代朱槿花，成為凝結液的基底。

TERRINE D'AUBERGINE AU MISO
味噌茄子凍派

10 人份

準備時間
1 小時 30 分鐘

加熱時間
45 分鐘

冷藏時間
12 小時

保存時間
冷藏 2 至 3 日

器材
烤架（Gril）
網架（Grille）
料理刷
長 25 公分且高 10 公分的凍派模

食材

茄子
茄子 5 個
橄欖油 150 毫升
鹽

味噌茄子
茄子 2 個
大麥棕色味噌（miso brun à l'orge）
100 克
鹽

茄子慕斯
茄子 1 公斤
吉利丁 8 片
35% 的液態鮮奶油 80 克
大麥棕色味噌 80 克
茄子果肉（pulpe d'aubergine）
500 克
蔥 3 根
鹽、白胡椒

最後修飾
芝麻油
炒香的白芝麻 1 大匙
青檸檬 1 顆
（使用果皮）

茄子
將茄子洗淨，從長邊切成約厚 3 公釐的片狀。調味，冷藏靜置 10 分鐘。將茄子片浸泡在橄欖油中，接著擺在烤架上，以大火加熱，烤至每面形成格狀紋。將烤熟的茄子移至網架上，接著在吸水紙上瀝乾。

味噌茄子
將茄子洗淨，從長邊切成約厚 2 公分的片狀。蒸煮 8 分鐘，加鹽，接著用刷子為每一面刷上棕色的味噌醬。

茄子慕斯
將茄子擺在烤盤上，入烤箱以 180℃（溫控器 6）烤 30 至 45 分鐘。稍微放涼後，用湯匙收集果肉，用刀約略切碎，預留備用。用冷水將吉利丁泡開。在平底深鍋中加熱鮮奶油和棕色味噌，接著將預先擰乾的吉利丁加熱至融化。全部倒入茄子果肉中，拌勻。調整味道，加入切成細碎的蔥。

組裝
在凍派模底部鋪上烤茄子片，稍微交疊，確保二側超出 5 公分。在凍派模底部鋪入足量的茄子慕斯，加上塗有味噌的茄子片，接著重複同樣的步驟，直到將陶罐填滿。將二側的茄子片往內折起覆蓋。蓋上保鮮膜，冷藏 12 小時。

擺盤
將凍派脫模切片，接著用刷上芝麻油增加光澤，撒上炒香的白芝麻和青檸檬皮。享用。

TRUCS ET ASTUCES DE CHEFS
必學主廚技巧

最好在 2 天前製作凍派。

TERRINE DE DAUBE D'AGNEAU À LA MENTHE
薄荷燉羊肉凍派

10 人份

準備時間
2 小時

烹調時間
2 小時 20 分鐘

冷藏時間
12 小時

保存時間
冷藏 5 日

器材
漏斗型濾器
濾布
裝有細孔出料片的
絞肉機（Hachoir
plaque fine）
大湯勺
25×9 公分且高 7
公分的凍派模
溫度計

食材
櫛瓜 300 克

**燉羊肉 Daube
d'agneau**
吉利丁 11 片
（Bloom 200）
羊肩肉（épaule
d'agneau）
1.5 公斤
胡蘿蔔 150 克
白洋蔥 200 克
大蒜 50 克
橄欖油 15 克
白酒 750 克

家禽白色高湯（fond
blanc de volaille）
600 克
蛋白 1 顆
鹽、胡椒

**澄清用材料
Clarification**
羊肩肉湯汁（bouil-
lon d'agneau à
clarifier 燉羊肉步驟
所保留）500 克
胡蘿蔔 15 克
洋蔥 15 克
韭蔥 15 克
西洋芹 15 克
大蒜 2.5 克
蛋白 30 克

**薄荷油醋醬
Vinaigrette de
menthe**
新鮮薄荷 4 克
橄欖油 150 克
檸檬汁 50 克
細鹽 4 克
白胡椒 1 克

最後修飾
薄荷葉幾片
鹽之花（Fleur de
sel）
三色胡椒粒（poivre
mignonnette）

燉羊肉

用冷水浸泡吉利丁還原。為羊肩肉去骨並去除肥肉，接著切成2.5公分的塊狀。將胡蘿蔔和洋蔥去皮，接著切成碎塊。將大蒜去皮、去芽切碎。在燉鍋中，用橄欖油翻炒羊肩肉塊，炒至稍微上色，用鹽和胡椒調味。取出肉塊，並將羊肩肉保存在常溫下。在同一個燉鍋中，將這調味蔬菜炒至出汁但不上色，接著倒入白酒溶出鍋底精華。將湯汁收乾至剩下3/4。加入羊肩肉塊，用白色高湯淹過。加蓋，以極小的火燉煮約2小時。在肉煮熟時，讓湯汁靜置沉澱，讓肉汁和油脂分離。用漏斗型濾器過濾烹煮湯汁。將所有濾出的配料擺在一旁，待組裝凍派時使用。將湯汁濃縮至剩下500克，在下一個步驟進行澄清。將泡軟的吉利丁擰乾，混入湯汁中融合。

澄清

將調味蔬菜（胡蘿蔔、洋蔥、韭蔥、西洋芹和大蒜）去皮切碎。混入30克的蛋白拌勻。放入平底深鍋中，加入冷的羊肩肉湯汁。加熱，一邊輕輕攪拌。在高湯的溫度達約80℃時停止攪拌，接著微滾：調味蔬菜與蛋白會自然形成圓環狀。將火調小，再煮10分鐘。煮好後，用大湯勺透過濾布逐量過濾高湯。

組裝

將櫛瓜連皮一起從長邊切成厚3公釐的薄片，以大量加了鹽的沸水燙煮幾秒，接著放入一盆冰水中冷卻。為凍派模內部鋪上稍微交疊的櫛瓜片。均勻且交錯地組裝凍派（燉羊肩肉丁、配料和澄清羊肩肉湯汁）。注意，不必加完所有的澄清湯汁。為凍派蓋上櫛瓜片，冷藏保存12小時。

薄荷油醋醬

用食物料理機攪打薄荷和橄欖油。混合檸檬汁和調味料，加入薄荷油製作油醋醬。

擺盤

將羊肉凍派切成厚2公分的片狀，擺在餐盤中央。用薄荷油醋醬、幾片用刀約略切碎的薄荷葉、鹽之花和三色胡椒粒調味。

NOIX PERSILLÉE
巴西利肉派

10 人份

準備時間
1 小時 30 分鐘

醃料 Marinade
72 小時

烹調時間
6 小時

冷藏時間
24 小時

保存時間
冷藏 20 日

器材
漏斗型濾器
食物料理機
自選形狀的凍派模
溫度計

食材

巴西利糊
Appareil persillé
帶皮豬肩肉 1.5 公斤
豬皮 300 克
鹵水（見 65 頁技
法）1.5 公斤
灰蔥頭（échalotes
grises）200 克
大蒜 10 克
不甜白酒（vin blanc
sec）150 克
白酒醋 40 克
烹煮高湯 2.5 公斤
平葉巴西利葉 25 克
香葉芹（cerfeuil）
25 克
白胡椒粒 2 克
肉豆蔻粉 1 克

**調味蔬菜 Garniture
aromatique**
洋蔥 200 克
胡蘿蔔 150 克
韭蔥 150 克
西洋芹 100 克
百里香 1 枝
月桂葉 2 片

巴西利糊
用刀在肉上戳洞，連同豬皮一起浸泡鹵水 72 小時。將紅蔥頭切碎，將預先去芽的大蒜切碎。在炒鍋中煮酒、醋、切碎的紅蔥頭和大蒜，將湯汁收乾至剩下 3/4，所有濃縮的食材移至碗中，蓋上保鮮膜，冷藏保存至組裝的時刻。用清水沖洗豬肉和豬皮。在雙耳蓋鍋中，連同切成大塊的調味蔬菜一起以 85℃ 煮 5 小時。將瘦肉（不帶油脂的肉）、肥肉和皮（1.2 公斤的肩肉約有 450 克的皮）分別取出。用漏斗型濾器過濾剩餘高湯，取 350 克，濃縮至剩下 90 克。將平葉巴西利和香葉芹約略切碎。用食物料理機將肥肉和皮稍微打碎，接著加入另外保存的紅蔥頭等濃縮食材。用胡椒和肉豆蔻調味。以濃縮高湯淹過，如有需要可用鹽調味，最後再加入切碎的香草。

組裝
將瘦肉切成約 150 克的塊狀，接著和巴西利糊交替裝入凍派模中。入烤箱以 120℃（溫控器 4）烤 1 小時。放涼後，冷藏至少 24 小時後再品嚐。

BISCUIT DE RIS DE VEAU ET SOT-L'Y-LAISSE
小牛胸腺雞生蠔餅

10 人份

準備時間
1 小時 30 分鐘

烹調時間
40 分鐘

保存時間
烹煮後 3 日

器材
邊長 20 公分且高 4 公分的方框模
食物處理機
細孔網篩（Tamis à grillage fin）

食材

小牛胸腺
小牛胸腺 400 克
澄清奶油 75 克
鹽、胡椒

雞生蠔
Sot-l'y-laisse
家禽蠔狀肉（sot-l'y-laisse de volaille）200 克
澄清奶油 75 克
鹽、胡椒

家禽肉餡
Farce de volaille
自選的家禽胸肉
（blanc de volaille）
425 克
蛋白 1 顆
膏狀奶油 100 克
35% 的液狀鮮奶油
200 克
白胡椒 4 克
鹽 9 克
白吐司 4 片
澄清奶油 100 克

最後修飾
白高麗菜沙拉
自選的嫩芽菜幾株

小牛胸腺
以大量的加鹽滾水燙煮小牛胸腺，燙煮 2 分鐘。接著浸入冰涼的冷水以中止烹煮。剝去小牛胸腺外層的膜，接著在平底煎鍋中，用澄清奶油香煎，預留備用。

雞生蠔
放入澄清奶油的平底煎鍋中，將雞蠔狀肉煎至金黃色。預留備用。

家禽肉餡
將自選的家禽胸肉切丁，接著放入食物處理機的攪拌缸中。用蛋白將備料攪打至平滑，接著混入膏狀奶油。用網篩將肉過篩至攪拌碗中，將攪拌碗下墊冰塊，接著加入液狀鮮奶油混合。調味，填入擠花袋，預留備用。

組裝
在方框模底部鋪上白吐司片。擺上少量家禽肉餡達 1 公分的高度，接著加入小牛胸腺和雞生蠔。再擠上家禽肉餡覆蓋，最後再鋪上白吐司片。蓋上保鮮膜，接著用蒸烤箱（或用北非小麥蒸鍋 couscoussier 或蒸鍋）以 80°C 蒸 20 分鐘。

擺盤
在平底煎鍋中，用澄清奶油將脫模的凍派上下層的吐司煎至上色。最後入烤箱以 150°C（溫控器 5）烤 20 分鐘。切成厚 1 公分的片，搭配白高麗菜沙拉享用。

TRUCS ET ASTUCES DE CHEFS
必學主廚技巧

可使用迷你塔圈來製作這道配方。

TERRINE DE LAPIN
ET CHUTNEY AUX FRUITS SECS
兔肉凍派佐果乾甜酸醬

10 人份

準備時間
1 小時 30 分鐘

加熱時間
1 小時

冷藏時間
48 小時

保存時間
4 至 5 日

器材
絞肉機
平紋細布
（Mousseline）
食物處理機
自選形狀的陶罐
溫度計

食材

肉餡（約 1.3 公斤）
兔肉 650 克
豬頸肉（gorge de porc）250 克
新鮮豬五花 250 克
家禽的肝（foie de volaille）100 克
小牛腿肉（noix de veau）100 克

配料
去皮開心果 80 克
杏桃乾 120 克
蛋 1 顆
干邑白蘭地 100 克
家禽白色高湯（fond blanc de volaille）100 克
切碎且煮熟的紅蔥頭 100 克
網油 150 克
鹽 15 克
胡椒 10 克

果乾甜酸醬 Chutney de fruits secs
蘋果（如Red Delicious）1 顆
無花果乾 6 顆
杏桃乾 6 顆
蘋果酒醋 300 毫升
青檸檬 4 顆
紅糖（sucre roux）100 克
鳥椒（piment oiseau）1 根
丁香 10 顆
肉桂棒 1 根
新鮮生薑 50 克

肉餡
將所有的肉放入裝有中型孔洞出料片的絞肉機中絞碎。

配料
在放有烤盤紙的烤盤上鋪開心果，接著入烤箱以160°C（溫控器5/6）烘烤10分鐘，烤香開心果。在裝有冷水的平底深鍋中放入杏桃，煮沸以燙煮杏桃，接著放入一盆冷水中降溫。取出切成2公釐的規則小丁。混合肉餡、蛋、干邑白蘭地、家禽白色高湯、紅蔥頭、開心果和杏桃丁。調味。為陶罐內部鋪上網油，在陶罐內填入大量混合好的肉餡，將網油折起覆蓋表面，接著蓋上蓋子。將陶罐擺在可入烤箱且底部裝有1/3水的烤盤中，入烤箱以140°C（溫控器4/5）隔水加熱（烤至內部溫度為67°C）。放涼，最好冷藏熟成48小時後再品嚐。

果乾甜酸醬
將蘋果去皮，接著切成5公釐的規則小丁。無花果和杏桃也以同樣方式處理。在大型平底深鍋中，將醋煮沸，加入切成圓片的青檸檬、紅糖、整根鳥椒、丁香、肉桂和去皮約略切碎的薑。微滾2分鐘。用漏勺將配料（檸檬、鳥椒、丁香、肉桂棒和薑）瀝乾，放入食物處理機中攪打。用平紋細布將打碎的備料包起，然後重新浸泡在剩下的液體中。加入切好的蘋果和果乾，接著微滾5分鐘。放涼。

擺盤
將凍派切片，搭配1球梭形的果乾甜酸醬，再以1片旱金蓮葉和芥菜苗裝飾。

NOUGAT DE COCHON ET FOIE GRAS À LA LIE DE VIN
牛軋糖形狀的酒渣肥肝豬肉凍

4 人份

準備時間
2 小時

烹調時間
2 小時 30 分鐘

冷藏時間
3 小時

保存時間
冷藏 5 日

器材
果汁機
30×3 公分且高
2.5 公分的槽型模
（Gouttière）
大燉鍋
網架

食材
豬耳朵（oreilles de
cochon）2 隻
豬腳 1 隻
紅酒 2 公升
馬德拉酒（madère）
150 毫升
熟肥肝 200 克

配料
胡蘿蔔 200 克
洋蔥 3 顆
生甜菜 100 克
丁香 6 顆
肉桂棒 1 根
胡椒 10 粒
百里香 1 小枝
月桂葉 1 片
杜松子（baies de
genièvre）5 顆
香草束（bouquet
garni）1 束
玉米澱粉 20 克

**紅洋蔥醬 Confiture
d'oignon rouge**
紅洋蔥 6 顆
黑醋栗（cassis）
100 克
酒醋 100 毫升
紅酒 200 毫升
香菜籽 10 顆
砂糖 50 克

最後修飾
黑醋栗幾顆
橘色萬壽菊花瓣
（Fleurs de tagète
orange）
萬壽菊葉片
（Feuilles de
tagète）

豬肉
用剃刀為豬耳朵和豬腳的毛刮乾淨。用加鹽的大量沸水燙煮，煮沸 20 分鐘。在平底深鍋中將紅酒和馬德拉酒煮沸，接著煮至酒精蒸發。

配料
將胡蘿蔔、洋蔥和甜菜切成丁。將豬腳和豬耳放入大燉鍋中。加入蔬菜丁、香草、香料、香草束，以及前一步驟燒去酒精的酒。倒入 1 公升的水，微滾 2 小時，煮至肉分離。在確認肉的熟度後，切塊：去掉豬耳的大軟骨、為豬腳去骨並切成小塊。混合肉塊和少許烹煮高湯，接著離火，小心加入預先切成 2 公分小丁的熟肥肝。在槽型模內鋪上保鮮膜，倒入先前的混合好的材料，並倒入約 150 毫升微溫的烹煮高湯。蓋上保鮮膜，冷藏保存 1 小時。將剩餘的烹煮高湯濃縮過濾，取 500 毫升，接著離火後用玉米澱粉勾芡。為槽型模脫模，將「牛軋糖」形狀的肥肝肉凍擺在網架上，接著淋上紅酒渣醬汁。冷藏保存 2 小時。

紅洋蔥醬
將洋蔥去皮切碎。在炒鍋中放入所有材料，炒 30 幾分鐘，直到所有材料變成果醬狀。炒好後，倒入果汁機中攪打。

擺盤
在餐盤上擺上一片肥肝豬肉凍，搭配 1 匙用幾顆黑醋栗裝飾的洋蔥醬。最後放上幾朵萬壽菊花瓣和葉片。

CRÈME DE FOIE BLOND DE CANARD ET COULIS DE PORTO

金黃鴨肝醬佐波特酒庫利

10 人份

準備時間
1 小時 30 分鐘

烹調時間
25 至 30 分鐘

保存時間
3 日

器材
直徑約 8 公分的迷你烤盅 10 個
漏斗型濾器
食物料理機

食材

布丁 Crème renversée
金黃鴨肝（foie blond de canard）
或其他家禽的肝 250 克
紅蔥頭 60 克
澄清奶油 50 克
蛋 4 顆
35% 的液狀鮮奶油 500 毫升
鹽 10 克
胡椒 6 克

波特酒庫利 Coulis de porto
波特酒 400 毫升
砂糖 200 克

最後修飾
糖漬金黃葡萄乾（raisins blonds au sirop）80 克
切條白吐司 10 條
豌豆苗幾根

布丁液 APPAREIL A CRÈME RENVERSÉE
為家禽肝去除靜脈、膽漬，約略切碎。將紅蔥頭去皮切碎。在平底煎鍋中，用澄清奶油煎家禽的肝，不要煎太久，加入紅蔥頭略炒。放涼幾分鐘，接著連同蛋和鮮奶油一起用食物料理機攪打。調味，用漏斗型濾器過濾。在每個烤盅內倒入 90 克的布丁液。蓋上保鮮膜，入烤箱以 130℃（溫控器 4/5）隔水加熱 25 分鐘。冷藏放涼 3 至 4 小時。

波特酒庫利
在炒鍋中倒入波特酒和糖，將湯汁濃縮至形成糖漿狀。冷藏保存約 1 小時。如果庫利過於濃稠，可用少量水調整濃稠度。

擺盤
在每個布丁上淋入少量的波特酒庫利。勻稱地擺上幾顆預先以少量水泡至膨脹的金黃葡萄乾、吐司條和幾根豌豆芽。

TERRINE DE FAISAN
雉雞凍派

10 人份

準備時間
1 小時

烹調時間
1 小時 30 分鐘

冷藏時間
48 小時

保存時間
5 至 6 日

器材
絞肉機
陶罐（Terrine）
溫度計

食材

肉餡
雉雞肉（腿肉
cuisses 和雞胸連翼
suprêmes）900 克
薄片豬肥肉（barde
de porc）200 克
豬頸肉（gorge de
porc）400 克
家禽肝（foie de
volaille）100 克
鹽漬豬背脂（lard
gras de Colonna-
ta）50 克
干邑白蘭地 20 克
波特酒 20 克
新鮮奧勒岡（origan
frais）2 大匙
鹽 14 克／公斤
胡椒 8 克／公斤

配料
灰喇叭蕈（trom-
pettes-de-la-mort）
200 克
奶油
整顆榛果 200 克
全蛋 1 顆

最後修飾
煙燻培根（poitrine
fumée）薄片 200 克

肉餡
取 300 克的雉雞肉。將薄片豬肥肉、豬頸肉、去除靜脈的家禽肝放入粗孔絞肉機中絞碎。

配料
將保留的雉雞肉切條（見 42 頁技法），並將鹽漬豬背脂切成規則的丁。清洗喇叭蕈，在平底煎鍋中用奶油翻炒，接著瀝乾。將榛果鋪在放有烤盤紙的烤盤上，入烤箱以 150°C（溫控器 5）烤 10 分鐘。混合肉餡、蛋、奶油、酒、榛果、灰喇叭蕈、切碎的奧勒岡，調味。加入雉雞肉和鹽漬豬背脂丁混合。

組裝
將煙燻培根片鋪在陶罐底部。鋪上薄薄一層肉餡、一層切條的雉雞肉，視需要重複同樣的步驟。在凍派頂端以煙燻培根片覆蓋。

烘烤
將陶罐入烤箱以 140°C（溫控器 4/5）烤約 1 小時 30 分鐘，烤至內部溫度為 67°C。冷藏熟成 48 小時後再品嘗。

BAVAROIS DE CRESSON ET DE LANGOUSTINE
西洋菜巴伐利亞佐海螯蝦

4 人份

準備時間
2 小時

烹調時間
1 小時

保存時間
3 日

器材
果汁機
濾袋（Chaussette de filtration）
10×5 公分的小木柴形多孔矽膠連模（Moule en silicone à empreintes de bûchettes）
杵（Pilon）
料理刷
溫度計

食材

西洋菜巴伐利亞
Bavarois de cresson
新鮮西洋菜 1 束
西洋芹 100 克
洋蔥 100 克
馬鈴薯 150 克
奶油 30 克
粗粒灰鹽
鹽、胡椒

海螯蝦
Langoustines
海螯蝦 4 大隻

海螯蝦凍 Gelée de langoustine
海螯蝦的螯和殼（先前的步驟）
橄欖油 20 毫升
番茄 2 顆
韭蔥（poireau）1 根
胡蘿蔔 1 根
番茄糊（concentré de tomates）20 克
干邑白蘭地 20 毫升
醬油 20 毫升
百里香 1 小枝
月桂葉 1 片
胡椒 8 粒
吉利丁 4 片
（Bloom 200）

組裝
吉利丁 7 片（Bloom 200）
35%的液狀鮮奶油 500 毫升

最後修飾
西洋菜嫩葉（Sommités de cresson）

西洋菜巴伐利亞
清洗並揀選西洋菜，保留頂端嫩葉作為裝飾。摘下葉片，將梗切碎作為基底。將西洋芹和洋蔥切碎。將馬鈴薯去皮並清洗，接著切成大丁。在煎炒鍋中放入奶油，將蔬菜炒至出汁，加入西洋菜梗和馬鈴薯丁。用水淹過，用粗粒灰鹽調味，煮 30 分鐘。煮好時，倒入果汁機，攪打至形成平滑質地。將加鹽的大量冷水煮沸，燙煮西洋菜 5 分鐘，放入一盆冰水中冰鎮。冷卻後，瀝乾。

海螯蝦
將海螯蝦去殼，保留螯和殼。為蝦肉調味，用保鮮膜將每尾蝦包起，形成長條狀。蒸 5 分鐘，冷藏保存。

海螯蝦凍
用杵將螯和殼搗碎，在平底深鍋中用橄欖油炒至上色，加入切碎的番茄、韭蔥和胡蘿蔔。倒入干邑白蘭地溶出鍋底精華，用水淹過，加入醬油、番茄糊和香草。微滾 1 小時。用冷水將吉利丁泡開還原。用濾袋過濾成清湯，在清湯 40°C 時，混入擰乾的吉利丁融合。下墊冰塊保存。

組裝
將吉利丁片浸泡在冷水還原。用果汁機將西洋菜基底和燙煮過的西洋菜葉攪碎，過濾並加入擰乾的吉利丁片混合。將液狀鮮奶油打發至硬性發泡，輕輕混入西洋菜庫利中成為西洋菜巴伐利亞。倒入模型，在中央擺上蒸熟的海螯蝦，接著再蓋上一層西洋菜巴伐利亞。冷藏保存 4 小時。

擺盤
為西洋菜嫩葉刷上橄欖油，形成光澤。在餐盤中，將西洋菜巴伐利亞脫模放在盤中，表面淋上條紋狀的西洋菜庫利，在一旁擺上少許海螯蝦凍，並用西洋菜嫩葉裝飾。

BÛCHE DE CÉLERI ET POMMES FRUITS, CRÈME DE NOIX
蘋果西洋芹卷佐核桃鮮奶油醬

4 人份

準備時間
2 小時

烹調時間
45 分鐘

冷藏時間
4 小時

保存時間
3 日

器材
果汁機
蔬果切片器
手持電動攪拌棒
（Mixeur plon-
geant）
25×8 公分且高 8
公分的木柴蛋糕模
擠花袋＋聖多諾
黑花嘴（douille à
saint-honoré）
齒狀刮板
（Peigne）

食材

蘋果西洋芹卷
Bûche
塊根芹（céleri-
rave）1 顆
金冠蘋果（pommes
Golden）5 顆
黃檸檬 1 顆
半脫脂牛乳（lait
demi-écrémé）1 公升
吉利丁 10 片
（Bloom 200）
35%的液狀鮮奶油
200 毫升
肉豆蔻
鹽、胡椒

核桃鮮奶油醬
Crème de noix
乾燥的核桃（noix
sèches）200 克
礦泉水（eau de
source）100 毫升
35%的液狀鮮奶油
50 毫升
核桃油（huile de
noix）100 毫升
鹽、胡椒

最後修飾
金冠蘋果 1/2 顆
核桃仁（cerneaux
de noix）8 顆
小地榆（pim-
prenelle）4 枝

蘋果西洋芹卷
將塊根芹去皮，用蔬果切片器切成約 20 幾片薄片。用鹽水燙煮，保留清脆口感。將蘋果去皮，淋上檸檬汁，切成和塊根芹片同樣厚的薄片。將塊根芹切下的碎料放入加有少量水的牛乳中，加入肉豆蔻，煮至柔軟。用冷水將吉利丁泡開還原。將塊根芹瀝乾，用手持電動攪拌棒攪打至形成平滑的蔬菜泥。在蔬菜泥冷卻期間，混入擰乾的吉利丁片，接著將鮮奶油打發至硬性發泡。在木柴蛋糕模內部鋪上保鮮膜，擺上塊根芹片，抹一層塊根芹鮮奶油慕斯，再鋪上蘋果片。以同樣步驟持續組裝至將模具完全填滿，用保鮮膜封好。冷藏保存 4 小時。

核桃鮮奶油醬
在乾的平底煎鍋中，以大火烘煎核桃 5 分鐘。倒入礦泉水，煮 10 分鐘。加入液狀鮮奶油，接著全部倒入果汁機中攪打。調味後，加入核桃油打均勻。

最後修飾
將蘋果切成厚 2 公釐的 8 片。擺在鋪有烤盤紙的烤盤上，入烤箱以 50°C（溫控器 1/2）烤 50 分鐘至烘乾。在乾的平底煎鍋中，以大火烘煎核桃 5 分鐘。

擺盤
切下適量的蘋果西洋芹卷，並用聖多諾黑花嘴將塊根芹鮮奶油慕斯在表面擠成波浪形。盤中舀入核桃鮮奶油醬，用齒狀刮板劃出條紋，用核桃仁、蘋果乾和小地榆葉裝飾。

ASPIC DE SAUMON ET FINES HERBES
香草鮭魚凍

2 人份

準備時間
20 分鐘

烹調時間
3 分鐘

保存時間
冷藏 2 日

器材
直徑 7 至 8 公分的
半球形模型
漏勺
溫度計

食材
澄清高湯凍（gelée
clarifiée）60 克
熟豌豆 50 克
煙燻鮭魚 65 克
煮熟的綠花椰小花
球（sommités de
brocolis cuits）35 克
熟四季豆 15 克
去皮紅甜椒 ½ 顆

溏心蛋
Œufs mollets
蛋 2 顆
醋
鹽

溏心蛋
在平底深鍋中將加了少量醋（水量的3%）的鹽水煮沸，用漏勺小心地放入蛋煮3分鐘，形成溏心蛋。在吸水紙上瀝乾，冷藏保存至組裝的時刻。

組裝
以不超過35°C的溫度將高湯凍加熱至融化，不應過度加熱。在2個半球形模的底部放入少許豌豆，並用高湯淹過。冷藏凝固。將煙燻鮭魚片鋪在模具內壁，接著按以下步驟進行組裝：用切成小塊的綠花椰菜、四季豆和紅甜椒填入模具的一半，每層之間倒入高湯凍，而且每次都冷藏凝固後再繼續進行。在每個半球形模的中央放上1顆溏心蛋，接著按先前步驟繼續組裝。冷藏凝固至少3小時。脫模，擺在餐盤上。

FROMAGE DE TÊTE
豬頭肉凍

20 人份

準備時間
1 小時 30 分鐘

鹵水 Saumure
12 小時

烹調時間
6 小時

冷藏時間
12 小時

保存時間
冷藏 20 日

器材
刷子（Brosse）
噴槍（Chalumeau）
肉類注射器（Seringue à viande）
自選形狀的陶罐或模具
溫度計

食材

豬肉
豬頭（tête de cochon）½ 顆
豬舌（langue de cochon）350 克
豬頰肉（joue de cochon）250 克
鹵水（見 65 頁技法）3 公斤
烹煮湯凍（見 70 頁技法）4 公斤

調味蔬菜 Garniture aromatique
洋蔥 125 克
胡蘿蔔 125 克
西洋芹 125 克
韭蔥 125 克
大蒜 1 球
巴西利梗（Queues de persil）
百里香 10 克
月桂葉 2 克
丁香 1 顆
胡椒 5 粒

調味料

Assaisonnement
香葉芹（cerfeuil）5 克
巴西利 10 克
朱槿花（hibiscus）8 克
大蒜 25 克
紅蔥頭 150 克
不甜白酒（vin blanc sec）250 克
蘋果酒醋 45 克
烹煮湯凍（gelée de cuisson）1 公斤
白胡椒 2 克
肉豆蔻 0.5 克
小豆蔻粉（cardamome verte en poudre）0.5 克
馬鬱蘭粉（marjolaine en poudre）0.25 克

豬肉

用噴槍炙燒豬頭，將表層燒焦的細毛刮除。取下豬耳，沖洗、刷洗豬頭，並浸泡在冷水中 2 小時。使用肉類注射器，將 4℃、12% 溫鹵水注入豬頭肉：包括瘦肉、豬頰肉和豬舌部分。將豬肉的所有材料放入容器中，並用剩餘的鹵水淹過。在表面覆蓋上保鮮膜，冷藏保存 12 小時。在鹽漬結束時，將豬頭和豬舌瀝乾，接著用清水沖洗。在雙耳蓋鍋中放入豬肉塊，加入烹煮湯凍和切成大塊的調味蔬菜（洋蔥、胡蘿蔔、西洋芹和韭蔥）。以 85 或 90℃ 煮約 6 小時。在骨肉可以輕易分離，但仍保有些許結實度，且可以用手指輕易捏碎豬皮時停止烹煮。取出肉塊，讓肉汁和油脂分離。用保鮮膜將肉包好，待溫度下降，以利處理。將瘦肉切成 2 公分的丁，將半肥瘦的肉切成 1 公分的丁，將肥肉和豬皮切成 0.5 公分的丁。

調味料

過濾烹煮湯凍，取約 1 公升。加入朱槿花，接著加蓋浸泡 15 至 20 分鐘。將香葉芹和巴西利約略切碎，接著預留備用。將大蒜去皮、去芽切碎。將紅蔥頭切碎，用白酒和醋煮至湯汁完全收乾。在烹煮結束前 5 分鐘，加入切碎的大蒜。在平底深鍋中放入肉丁、肥肉、預先加熱至約 80℃ 的浸泡烹煮湯凍、用酒濃縮的紅蔥頭和大蒜。加熱至最高 90℃。離火，調整味道，加入先前切碎的新鮮香草。

組裝

將肉填入陶罐至約 ¾ 滿，接著加入浸泡湯凍至肉的高度。入烤箱以 180℃（溫控器 6）烤 20 分鐘。在常溫下稍微放涼後，冷藏保存 24 小時。

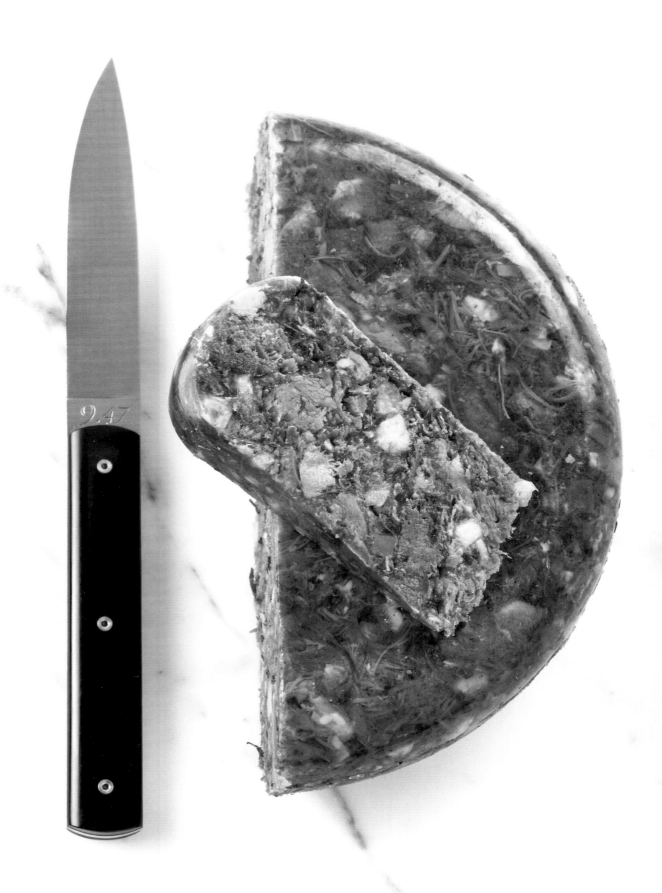

熟肉醬與手撕肉

RILLETTES ET EFFILOCHÉS

RILLETTES DE CANARD
鴨肉熟肉醬

10 人份

準備時間
40 分鐘

烹調時間
5 小時

冷藏時間
8 小時

保存時間
冷藏 20 日

器材
漏勺
手套
自選的模型

食材
肥鴨腿（cuisse de canard grasse）
900 克
去骨鴨胸肉
（poitrine de canard désossée）400 克
紅洋蔥 125 克
大蒜 2 瓣
鴨油（graisse de canard）130 克
水 100 克
鴨汁（jus de canard）50 克
香草束（bouquet garni）1 束
百里香 2 枝
月桂葉 2 片
給宏德灰鹽（sel gris de Guérande）
14 克
白胡椒 2.5 克

為鴨腿切下肥肉並去骨備用。將肥肉切成中等大小的丁。將鴨胸肉切成約 4 公分的塊狀。洋蔥切碎，預先去芽的大蒜切碎。

在燉鍋中，將鴨肥肉丁連同水一起加熱至融化。在水蒸發時，加入肉類，加熱至上色。加入鴨油。將火調小，倒入鴨汁、切碎的洋蔥、大蒜、香草和腿骨。煮沸，撒上鹽。加蓋，稍微留一點開口不要緊閉，以 85°C 煮 5 小時，不需攪拌。

煮好時，移去骨頭。用漏勺小心將肉取出，移至烤盤上。

將烹煮湯汁和油脂倒入高而窄的容器中。讓湯汁靜置沉澱，讓肉汁和油脂分離。在分離完成後，小心將油脂倒入小型的平底深鍋中，在倒至烹煮湯汁之前停下。以中火將油脂加熱至微溫。

戴上手套，接著將肉撕開（見 44 頁技法）至燉鍋中，加入肉汁。緩緩倒入油脂，一邊以刮刀攪拌（油脂的比例約為肉的 20%）。撒上胡椒，如有需要，可調整味道。放入自選的模型中，待定型後可切塊享用。

RILLETTES DE PORC
AU PIMENT D'ESPELETTE
艾斯佩雷辣椒豬肉熟肉醬

10 人份

準備時間
40 分鐘

烹調時間
5 小時

冷藏時間
8 小時

保存時間
冷藏 20 日

器材
漏勺
手套
溫度計

食材
豬五花 375 克
豬肩下半段瘦肉
（maigre d'épaule
de porc）300 克
豬肩上半段瘦肉
（maigre de palette
de porc）225 克
豬硬脂肪（gras dur
de porc）120 克
豬油 300 克
水 40 克 + 120 克
給宏德灰鹽（sel
gris de Guérande）
12 克
白洋蔥 150 克
大蒜 1.5 瓣
百里香 1.5 枝
月桂葉 1.5 片
白胡椒 2.5 克
艾斯佩雷辣椒粉
（piment d'Espe-
lette）1 小匙

將肉去皮、去骨（保留胸骨），切成約 4 公分的規則塊狀。將硬脂肪切成 1 公分的丁。

在厚底燉鍋中，用 50 克的水將脂肪加熱至融化。加入豬油，將火調大，逐量加入肉，接著加熱至稍微上色，經常攪拌。在油脂變稀時，將火調小，將肉均勻擺在燉鍋底部。加入切碎的洋蔥、壓碎的大蒜，撒上鹽和香草，在表面放上胸骨，最後再加入剩餘的水。加蓋，稍微留一點開口，以 85℃ 煮 5 小時，不要攪拌。

煮好時，移去骨頭。用漏勺小心取出肉，並移至烤盤上。將烹煮湯汁和油脂倒入窄的高邊容器中。讓湯汁靜置沉澱，讓肉汁和油脂分離。

在分離完成後，小心將油脂倒入小型的平底深鍋中，在倒至烹煮湯汁之前停下。以中火將油脂加熱至微溫。

戴上手套，接著將肉撕開（見 44 頁技法）至燉鍋中，加入肉汁。緩緩倒入油脂，一邊以刮刀拌勻。

加入胡椒、艾斯佩雷辣椒粉，如有需要，可調整味道。倒入陶罐中，務必保持肉和油脂之間的均勻分布。

TRUCS ET ASTUCES DE CHEFS
必學主廚技巧

熟肉醬一旦成形後，不要攪拌，以免油脂浮出。

RILLETTES DE MAQUEREAU CITRONNÉ
檸檬鯖魚熟肉醬

4 人份

準備時間
25 分鐘

烹調時間
10 分鐘

保存時間
3 日

器材
魚刀（Couteau à filet de sole）
刨刀（Râpe）

食材
鯖魚（maquereau）
500 克
白醋 10 克
橄欖油
細香蔥 ½ 束
蒔蘿 ¼ 束
青檸檬皮 1 顆
馬斯卡彭乳酪
（mascarpone）
100 克
烤長棍麵包片
鹽、胡椒

用魚刀將鯖魚肉片取出並去骨（見 45 頁技法）。

將魚片有皮的一面朝下，以白醋浸泡10分鐘，剝除藍色的魚皮。

在平底煎鍋中，用少許橄欖油煎魚片，煎至魚肉仍保持軟嫩。用叉子壓碎，保存在碗中。

將細香蔥剪碎，將蒔蘿和青檸檬皮切碎。全部混入熟肉醬中。

加入馬斯卡彭乳酪，並以橄欖油、鹽和胡椒調味。

可盛入錫罐擺盤，並搭配烤長棍麵包片享用。

RILLETTES VÉGÉTALES DE CAROTTE
胡蘿蔔蔬菜乳酪醬

6 人份

準備時間
45 分鐘

冷藏時間
24 小時

保存時間
3 日

器材
粗孔刨刀（Râpe à gros trous）
刨刀 Microplane

食材

胡蘿蔔蔬菜乳酪醬
Rillettes de carotte
胡蘿蔔 400 克
紅蔥頭 1 顆
胡蘿蔔汁 200 毫升
新鮮生薑（約 1 公分）1/2 小匙
自選的花生醬（beurre de cacahuète）或芝麻醬（tahiné）100 克
青檸檬 1 顆
瑞可塔乳酪（ricotta）100 克
燕麥片（flocons d'avoine）40 克
新鮮香菜 2 大匙
薄荷葉 10 片
艾斯佩雷辣椒粉
鹽

胡蘿蔔蔬菜乳酪醬
將胡蘿蔔去皮、清洗，並用粗孔刨刀刨碎。將紅蔥頭去皮切碎。在平底深鍋中，以小火加蓋煮胡蘿蔔、胡蘿蔔汁、切碎的紅蔥頭，以及用刨刀刨碎的薑。煮好後，放涼。混合花生醬、青檸汁、瑞可塔乳酪和燕麥片。加入冷卻的胡蘿蔔碎。少量混入切碎的香菜和薄荷葉，調整味道。冷藏保存 24 小時後再品嚐。

擺盤
搭配烤麵包或穀物餅乾（crackers aux céréales）享用。

RILLETTES DE LAPIN
兔肉熟肉醬

10 人份

準備時間
2 小時

烹調時間
1 小時 30 分鐘

冷藏時間
24 至 36 小時

保存時間
8 日

器材
漏斗型濾器
漏勺
自選大小的小陶罐
或鑄鐵燉鍋 (co-
cotte en fonte)

食材

兔肉醬
約 4 公斤普瓦圖
(Poitou) 的雷克斯
兔 (lapin rex) 1 隻
橄欖油 70 克
胡蘿蔔 1 根
洋蔥 1 顆
煙燻培根 (poitrine
fumée) 150 克
傳統芥末醬 (mou-
tarde à l'ancienne)
50 克
蘇維濃 (sauvignon)
白酒 350 毫升
家禽白色高湯 1 公升
小牛腳 (pied de
veau) ½ 隻
百里香 2 枝
月桂葉 1 片
鹽、胡椒

最後修飾
切碎巴西利 2 大匙
香葉芹 2 大匙
龍蒿 1 大匙
烤鄉村麵包 (pain
de campagne
grillé) 10 片
綜合生菜 50 克

兔肉熟肉醬
將兔肉切成 8 塊，或請肉販幫忙處理。在燉鍋中，用熱油將兔肉
煎至每面都上色。將胡蘿蔔去皮，切成 4 塊。將洋蔥去皮切碎。
將胡蘿蔔、洋蔥，以及預先切丁的煙燻培根一起炒至出汁。加入
芥末醬，在燉鍋中稍微翻炒，接著倒入白酒溶出鍋底精華。將湯
汁收乾，並用家禽白色高湯淹過。煮沸，接著加入小牛腳、百里
香和月桂葉。加蓋，入烤箱以170°C (溫控器5/6) 烤1小時30分
鐘。煮好後，將肉和調味蔬菜從醬汁中取出，接著以漏斗型網篩
過濾烹煮湯汁，並撈去表面的油脂。如有需要，可將湯汁收乾並
調整味道。將兔肉去骨，接著將肉撕碎並檢查 2 次，以免漏掉小
骨頭 (見 44 頁技法)。

最後修飾
將新鮮香草切碎，混入兔肉熟肉醬中。調整味道。全部倒入擺盤
用的陶罐或鑄鐵砂鍋，用烹煮湯汁淹過，冷藏凝固至少24小時。

擺盤
搭配鄉村麵包片和調味過的綜合生菜享用。

TRUCS **ET** ASTUCES **DE** CHEFS
必學主廚技巧

為了去除醬汁的油脂，可先冷藏冷卻，
讓油脂在表面凝固，
接著再用湯匙刮除油脂。

RILLETTES DE THON AU POIVRE VERT
綠胡椒鮪魚熟肉醬

4 人份

準備時間
25 分鐘

烹調時間
5 分鐘

保存時間
3 日

器材
刨刀 Microplane
容量 400 克的小玻璃杯（Verrines）或玻璃罐（bocaux）

食材
綠胡椒（grains de poivre vert）20 粒
水煮鮪魚 250 克
膏狀奶油（beurre pommade）15 克
小瑞士乳酪（petits suisses）2 罐
黃檸檬 1 顆
橄欖油 50 毫升
鹽、胡椒

在大量冷水中水煮青胡椒粒 5 分鐘，舀起放入一盆冰水中冰鎮。

用叉子將鮪魚弄碎，混合膏狀奶油。

用鹽和胡椒調味，混入小瑞士乳酪、檸檬汁和皮。加入幾粒燙煮的胡椒粒，其他的保留作為上菜時的裝飾。

PARMENTIER DE CANARD AU PANAIS ET VIN DE NOIX
核桃酒歐防風鴨肉派

6 人份

準備時間
1 小時

加熱時間
1 小時 30 分鐘

保存時間
3 至 4 日

器材
直徑 8 公分且高 4
公分的不鏽鋼塔圈
6 個
漏斗型濾器
漏勺
蔬果切片器
裝有花嘴的擠花袋
食物處理機

食材

鴨肉
鴨腿 3 隻
橄欖油
洋蔥 2 顆
胡蘿蔔 1 根
核桃酒（vin de
noix）300 毫升
家禽白色高湯 2 公升
鹽、胡椒

歐防風片
Tranches de panais
歐防風（panais）
500 克
澄清奶油 100 克

歐防風泥
Purée de panais
歐防風 500 克
奶油 80 克
鹽 7 克

最後修飾
開心果粉 100 克

鴨肉
從關節處將鴨腿切開，分成小腿和大腿肉。將洋蔥和胡蘿蔔去皮切成碎塊。在平底煎鍋中，用油將鴨腿煎至上色。加入切成碎塊的洋蔥和胡蘿蔔，炒至出汁。倒入核桃酒溶出鍋底精華，煮沸，接著焰燒（flambé）。用白色高湯淹過，再次煮沸，撈去浮沫，入烤箱以180℃（溫控器6）烤1小時30分鐘。在鴨肉與骨頭分離時停止烹煮。瀝乾、去骨，將肉撕開（見44頁技法），預留備用。過濾湯汁，收乾至形成糖漿狀質地。在撕開的鴨肉絲中加入少量濃縮湯汁，接著保留剩餘湯汁作為擺盤用。

歐防風片
將歐防風去皮、清洗，接著用蔬果切片器切成15片厚2公釐的薄片。保留歐防風切下的碎料，製作歐防風泥。在平底煎鍋中，用澄清奶油煎歐防風片的二面。將每片歐防風切成2×4公分的長方形。

歐防風泥
將歐防風去皮、清洗，並以加了鹽的沸水煮歐防風和先前保留的碎料。瀝乾，用食物處理機打碎，接著加入奶油，讓歐防風泥變得平滑。調整味道，填入裝有花嘴的擠花袋，在常溫下保存至組裝的時刻。

組裝
在不鏽鋼的塔圈邊緣鋪上歐防風片。依序鋪入一層歐防風泥和鴨肉，最後再鋪上一層歐防風泥。

擺盤
將鴨肉派放入烤箱，以170℃（溫控器5/6）加熱10分鐘。脫模盛盤，撒上開心果粉，接著搭配熱的濃縮湯汁享用。

GRILLONS CHARENTAIS
夏朗德肉凍

10 人份

準備時間
1 小時 20 分鐘

醃料
4 小時

烹調時間
3 小時

冷藏時間
2 日

保存時間
冷藏 20 日

器材
漏勺
濾布
自選的陶鍋
（Pot en terre）
溫度計

食材
豬五花 750 克
豬上頸肉（échine
de porc）250 克
豬肩肉 500 克
灰鹽 22 克
香草束（bouquet
garni）1 束
豬油 300 克
百里香 2 枝
月桂葉 2 片
水 170 克
大蒜 2 瓣
灰蔥頭（échalote
grise）100 克
白胡椒 2.5 克
四香粉
（quatre-épices）
0.7 克
肉豆蔻 1 克

將肉（豬五花、豬上頸肉、豬肩肉）切成邊長 2 公分的塊狀。用鹽和香草束調味，接著加蓋，冷藏醃漬 4 小時。

在厚底的燉鍋中，將豬油加熱至融化。將火調大，逐量加入肉塊，煎 20 分鐘至上色，經常攪拌。在油脂變稀時，將火調小，將肉均勻擺在燉鍋底部。加入百里香、月桂葉和水。加蓋，稍微留一點開口，以 85℃ 燉煮 2 小時，不要攪拌。

將大蒜和紅蔥頭切碎，加入肉塊上。依個人喜好，用胡椒、四香粉、肉豆蔻調味，再續煮 3 小時。

煮好後，用漏勺撈出肉塊，放入陶鍋中，稍微壓實。在常溫下放涼 20 分鐘，接著冷藏保存。加熱烹煮油脂，即燉鍋中剩下的油，用濾布過濾，接著淋在肉塊上。

冷藏保存 2 日後再品嚐。

鑲餡料理
FARCIS

COU DE CANARD FARCI, FRITES LANDAISES ET PURÉE D'AUBERGINE

鑲餡鴨頸佐朗德薯條和茄子泥

6 人份

準備時間
2 小時

烹調時間
1 小時 10 分鐘

醃漬時間
1 小時

保存時間
煮好後 6 日

器材
針＋線
噴槍（Chalumeau）
漏勺
油炸鍋（Friteuse）
絞肉機
食物料理機

食材

鴨頸
鴨頸 6 隻
干邑白蘭地
100 毫升

肉餡
烘焙開心果 15 克
肥肝 150 克
鹽漬豬背脂 125 克
豬上頸肉 200 克
鴨腿肉 200 克
每公斤 14 克的鹽
每公斤 8 克的胡椒

烹調
鴨油（graisse de canard）300 克

鴨汁 Jus de canard
鴨頸 6 隻
奶油 80 克
紅蔥頭 200 克
百里香 3 枝
水
五香粉

煙燻茄子泥
茄子 4 個
Savora甜芥末醬
（moutarde sucrée）
2 大匙
橄欖油
檸檬 1 顆（皮）
鹽、胡椒

炸薯條
馬鈴薯 2 公斤
鴨油 200 毫升
巴西利 2 大匙
鹽、三色胡椒粒
（mignonnette）

杏鮑菇
杏鮑菇 5 個
澄清奶油
鹽、胡椒

最後修飾
白色細葉苦苣生菜
½ 顆
切碎的紅蔥頭 1 顆
細香蔥 ½ 束
自選的油醋醬
100 毫升

鴨頸 COU DE CANARD

用噴槍火燒並清理鴨頸上可能殘留的羽毛。為帶皮鴨頸去骨，但不要將皮刺穿，接著用干邑白蘭地醃漬1小時。

肉餡

將開心果放入150℃（溫控器5）的烤箱中烘焙10分鐘。將肥肝切成邊長2公分的規則小丁，接著冷凍。將鹽漬豬背脂切成邊長2公分的規則小丁。為鴨腿去骨，接著將豬上頸肉和鴨腿肉放入裝有細孔出料片的絞肉機中絞碎。全部混入烘烤過的開心果，加入醃料的干邑白蘭地，調整味道。用紙巾將鴨頸皮擦乾。將每個鴨頸寬的一端縫合。從另一端填入肉餡，接著用幾針縫合。如果帶皮的鴨頸裂開，就塞入肉餡，再用保鮮膜包起，形成規則的圓柱狀。

烘烤

將鴨頸連同鴨油放入燉鍋中，入烤箱加蓋以140℃（溫控器4/5）烤1小時。在鴨油中放涼。

鴨汁

將鴨頸切成厚3公分的段，炒至上色。在形成漂亮的焦糖色後，加入紅蔥頭，炒至出汁，接著撈去表面的油脂。用水淹過，接著以小火煮30分鐘，經常撈去浮沫。過濾，接著將湯汁濃縮至形成糖漿狀的稠度。調整味道，加入五香粉等香料。

煙燻茄子泥

將茄子火烤至熟，或是入烤箱以180℃（溫控器6）烤45分鐘。將茄子剖半，取出果肉，接著連同芥末醬、橄欖油、檸檬皮一起用食物料理機打碎，調味。拌勻，形成不要過軟的質地。

炸薯條

將馬鈴薯去皮並清洗，切成長約10公分的條狀。放入油炸鍋，以160℃油炸。最後在放有鴨油的平底煎鍋中煎至上色。調味，預留備用。

杏鮑菇

如圖所示，將杏鮑菇從長邊切半。在平底煎鍋中，用奶油每面煎2分鐘。

擺盤

在平底煎鍋中，用鴨油將鴨頸表面煎至形成焦糖色，切成厚4公分的小段，接著連同所有配料及最後修飾材料一起勻稱地擺盤。

PIEDS DE COCHON FARCIS AUX RIS DE VEAU
小牛胸腺鑲豬腳

10 人份

準備時間
3 小時

烹調時間
1 小時 30 分鐘

保存時間
烹煮後 5 日

器材
漏斗型濾器
漏勺
食物處理機
網篩

食材

豬腳
Pieds de cochon
豬腳 10 隻

燉煮湯底
Fond de braisage
胡蘿蔔 4 根
洋蔥 3 顆
香草束（bouquet garni）1 束
紅酒 2 公升
小牛高湯（fond de veau）2 公升
波特酒 500 毫升
蒜頭 1 球
丁香 5 顆
黑胡椒 5 粒
松露碎屑 30 克

家禽肉餡
Farce de volaille
自選的家禽胸肉（blanc de volaille）
425 克
蛋 1 顆
膏狀奶油 100 克
35%的液狀鮮奶油 250 克
鹽、胡椒

配料
小牛胸腺 500 克
奶油 100 克
網油 300 克
鹽、胡椒

最後修飾
馬鈴薯片（Chips de pommes de terre）
巴西利馬鈴薯泥（Écrasée de pommes de terre au persil）
自選的生菜沙拉

豬腳
用噴槍火燒豬腳，以去除剩餘的毛，接著連同大量冷水一起放入平底深鍋，煮沸後燙煮 5 分鐘。製作燉煮湯底：將胡蘿蔔和洋蔥切成碎塊。在雙耳蓋鍋中，以小火炒蔬菜和香草束及香料 5 分鐘，炒至出汁，但不要上色。擺入燙煮過的豬腳，接著用紅酒淹過，煮沸。焰燒去酒精，加入小牛高湯和波特酒，接著再度煮沸。撈去浮沫，煮約 2 小時。在豬腳煮熟後，去骨，接著包上保鮮膜，保存在常溫下。用漏斗型濾器過濾燉煮湯底，用漏勺撈去表面的油脂，接著將湯汁收乾至形成糖漿狀的質地。調整味道，加入松露碎。

家禽肉餡
用食物處理機攪打家禽胸肉。加入蛋將備料攪拌至平滑，混入膏狀奶油。用網篩將肉泥篩入攪拌碗中，下墊冰塊，接著用刮刀分幾次混入液狀鮮奶油，調味。

配料
將小牛胸腺放入大量的鹽水中，煮沸燙煮 2 分鐘，放入一盆冷水中冰鎮。去除小牛胸腺的薄膜，接著斜切成約 80 克的 10 片薄片。在平底煎鍋中，以榛果奶油（beurre noisette）煎至上色，調味。

組裝
在豬腳內填入 1 大匙的肉餡，疊上小牛胸腺薄片，接著用網油整個包起。

最後修飾與擺盤
將豬腳放入不沾烤盤中，入烤箱以 180℃（溫控器 6）烤 20 幾分鐘（視豬腳的大小而定）。勻稱地擺在一層馬鈴薯泥上，淋上烹煮湯汁，可再擺上幾片馬鈴薯片和 1 小把的生菜沙拉。

CAILLES FARCIES
鑲餡鵪鶉

4 人份

準備時間
3 小時

烹調時間
1 小時

保存時間
5 日

器材
綁針＋線
細孔漏斗型濾器
烘烤用網袋
（Chaussette à rôtir）
花形壓模

食材
鵪鶉 4 隻
雞翅 6 隻
小牛胸腺 500 克
白醋 150 毫升
熟肥肝 300 克
家禽白色高湯 2 公升
吉利丁 10 片
鹽、胡椒

鵪鶉肉汁
Jus de caille
鵪鶉骨架（Carcasses
des cailles 先前步驟）
花生油 50 毫升
紅蔥頭 150 克
大蒜 5 瓣
百里香 1 小枝
月桂葉 1 片
黃酒 100 毫升

脆麵包盒 Croûtons
白吐司 600 克
澄清奶油 250 毫升

配料
細葉苦苣生菜
（frisée fine）
100 克
芥菜芽（pousses de
moutarde）100 克
香葉芹（cerfeuil）
1/4 束

最後修飾
松露 30 克
大蘑菇（gros cham-
pignons de Paris）
150 克
小地榆葉（feuilles
de pimprenelle）
16 片

鵪鶉
用小刀為鵪鶉內部去骨，但不要剖開。去除內臟，將骨頭和翅膀切碎以製作肉汁。

小牛胸腺
用加鹽的大量冷水燙煮小牛胸腺，煮沸10分鐘。瀝乾，接著去除薄膜（見50頁技法）。

鵪鶉肉汁
用花生油將切碎的鵪鶉骨炒至上色，加入切碎的紅蔥頭、帶皮大蒜、百里香和月桂葉。倒入黃酒，接著用水淹過。以小火煮45分鐘。煮好後，用細孔漏斗型濾器過濾。

脆麵包盒
將白吐司切成10×5公分的長方形，在每塊吐司距離邊緣1公分處的內部挖出小「凹槽」。在平底煎鍋中，以澄清奶油煎至上色，預留備用。

配料
揀選生菜，清洗並擰乾。

鑲餡鵪鶉
將肥肝捏成4個小長條狀。將小牛胸腺從長邊切成8塊。在保鮮膜中放入1條肥肝和2塊小牛胸腺，捲起封好形成肉卷。剩餘的也以同樣方式處理。為鵪鶉內部調味，接著放入移去保鮮膜的肥肝和小牛胸腺卷。從鵪鶉的背部縫合。以烘烤用網袋包起，用白色高湯煮45分鐘。用冷水將吉利丁泡開。趁熱為鵪鶉去皮，保存在網架上。將擰乾的吉利丁片放入烹煮湯汁中融化，接著淋在放涼的鵪鶉上，形成外層的湯凍。

擺盤
將松露和蘑菇切成厚2公釐的薄片，用壓模裁成花形，接著用鵪鶉的烹煮湯底快速烹煮。將這些花形薄片瀝乾，連同小地榆葉一起擺在鵪鶉表面。在脆麵包盒中放入生菜沙拉葉和香葉芹，形成巢狀，接著擺上鑲餡鵪鶉。

TRUCS ET ASTUCES DE CHEFS
必學主廚技巧

可請肉販或家禽商幫忙處理鵪鶉。

CARPACCIO DE PIEDS DE COCHON ET DE FOIE GRAS
豬腳與肥肝片冷盤

4 人份

準備時間
1 小時 30 分鐘

烹調時間
2 小時 30 分鐘

冷藏時間
2 小時

保存時間
3 至 4 日

器材
漏斗型濾器
剃刀（Rasoir）
火腿切片機
（Trancheuse à Jambon）

食材

豬腳
Pieds de cochon
豬腳 4 隻
胡蘿蔔 200 克
洋蔥 300 克
丁香 5 顆
香草束（bouquet garni）1 束
黑胡椒 10 粒
白酒 300 毫升
粗鹽
鹽、胡椒

內餡 Insert
熟鴨肝（foie gras de canard cuit）500 克

最後修飾
雪利酒醋（vinaigre de Xérès）20 毫升
三色堇（Fleurs de pensée）

豬腳
將豬腳去毛並洗淨。用加鹽的大量沸水燙煮，煮沸10分鐘。為豬腳換水。將蔬菜去皮，將胡蘿蔔切半，將丁香嵌入洋蔥中。在裝有豬腳的雙耳蓋鍋中加入胡蘿蔔、洋蔥、香草束，並倒入白酒、撒上粗鹽，保持沸騰狀態煮2小時30分鐘。

內餡
為肥肝去除靜脈（見48頁技法）。切成約125克的4塊，接著用保鮮膜塑形成長20公分且直徑10公分的4條圓柱狀。

組裝
仔細地為豬腳去骨，保留皮，將豬腳緊密地鋪在烤盤上，接著上壓重物，冷藏靜置2小時。將去掉保鮮膜的肥肝條1條接1條地擺在豬腳的最寬邊，捲成圓柱狀，切成4塊，並用保鮮膜塑形。用蒸烤箱以85℃蒸烤鑲餡豬腳卷10分鐘，烤好後以冷藏方式或放入一盆冰水中冷卻降溫。

擺盤
過濾烹煮高湯，將湯汁收乾一半，讓高湯形成糖漿狀，接著混入雪利酒醋。為濃縮湯汁調味。用火腿切片機將鑲餡豬腳卷切成厚5公釐的薄片，排成圓花形，在微溫時享用。在中央擺上幾朵食用花、生菜葉，並搭配幾滴眼淚狀的濃縮醋醬。

CALAMARS FARCIS CUISINÉS
COMME UN BŒUF CAROTTE
胡蘿蔔牛肉料理風鑲餡槍烏賊

10 人份

準備時間
1 小時

烹調時間
1 小時 30 分鐘

保存時間
2 日

器材
漏勺
蔬果切片器
竹籤
無花嘴的擠花袋

食材

牛尾
Queue de bœuf
牛尾 1.5 公斤
奶油 50 克
油 50 克
胡蘿蔔 2 根
洋蔥 2 顆
西洋芹 2 根
月桂葉 2 片
百里香 3 枝
紅酒 500 毫升
水 2 公升
紫羅蘭芥末醬
（moutarde vio-
lette）2 大匙
巴西利 2 大匙
切碎紅蔥頭 2 大匙
鹽、胡椒

槍烏賊 Calamars
中型槍烏賊（約長
10 至 12 公分）10 隻

胡蘿蔔配菜
胡蘿蔔 400 克
紅蔥頭 2 顆
胡蘿蔔汁 200 毫升
新鮮生薑 50 克
莫城（Meaux）芥末
醬 1 大匙
細香蔥 1/4 束

最後修飾
珍珠洋蔥（oignons
grelots）30 顆
奶油 30 克
糖 1 大匙
胡蘿蔔 2 根
培根（lardons）
100 克
紅脈酸模葉幾片
嫩豆苗幾枝
牛尾烹煮湯汁（jus
de cuisson de la
queue）200 毫升
芥花油

牛尾
前1天，先煮牛尾。將牛尾從關節處切成塊，放入平底煎鍋中，用奶油和油煎至上色。加入香味蔬菜炒至出汁，倒入紅酒溶出鍋底精華，用水淹過，撈去浮沫，入烤箱以180℃（溫控器6）烤2小時30分鐘。在骨肉分離時停止烹煮。瀝乾，去骨，將肉撕開成絲，接著預留備用。過濾醬汁，如有需要，可將湯汁收乾。用一半煮好的湯汁、芥末醬、紅蔥頭和切碎的巴西利為牛尾絲勾芡。調整味道。填入擠花袋，接著保存至組裝的時刻。

槍烏賊
抓著槍烏賊體內的骨片，將頭部剝離。將頭部向上拉，取下頭部，小心不要將槍烏賊的墨囊或身體弄破。去皮，用清水沖洗，為槍烏賊填入肉餡，用牙籤將末端封住，務必在肉餡和牙籤之間預留3公分的空間。預留備用。

胡蘿蔔配菜
將胡蘿蔔去皮，切成2公釐的小塊。將紅蔥頭去皮切碎。用奶油將紅蔥頭和胡蘿蔔丁炒至出汁但不上色，用胡蘿蔔汁淹過，加入切碎的薑。以小火加蓋煮至烹煮液體完全蒸發，接著用莫城芥末醬勾芡，調整味道，保溫。

最後修飾
在炒鍋中，用1公分的水、奶油和糖將洋蔥煮至吸收湯汁，且奶油和糖形成焦糖色。用蔬果切片器將胡蘿蔔從長邊切成厚2公釐的薄片，以加了鹽的沸水燙煮，接著放入冷水中冰鎮。將培根切成2×0.5公分的塊狀，接著從冷水開始燙煮，直到第一次煮沸。冰鎮，接著在平底煎鍋中用少許芥花油翻炒燙過的培根。

擺盤
用橄欖油將鑲餡槍烏賊的每一面煎至上色，最後入烤箱以180℃（溫控器6）烤8分鐘。修整槍烏賊的邊緣。用橄欖油並以大火煎槍烏賊腳3分鐘。在每個餐盤上放少許胡蘿蔔配菜，再擺上1隻鑲餡槍烏賊，淋上烹煮湯汁，接著勻稱地擺上槍烏賊腳、幾片熱的胡蘿蔔片、珍珠洋蔥、培根和幾片紅脈酸模葉和嫩豆苗。

BALLOTINE DE VOLAILLE
家禽肉卷

4 人份

準備時間
2 小時

烹調時間
1 小時 30 分鐘

冷藏時間
24 小時

保存時間
5 日

器材
噴槍
（Chalumeau）
漏斗型濾器
絞肉機
網篩
溫度計

食材
2 公斤的黃雞
（poulet jaune）1 隻
鹽之花 30 克
小牛胸腺 300 克
白醋 50 克
熟肥肝 100 克

焗烤肉餡
Farce à gratin
豬脂（lard gras）
40 克
紅蔥頭 80 克
家禽肝（先前步驟所
保留）150 克
奶油 20 克
百里香花 1 小枝
干邑白蘭地 10 克
鹽、胡椒粉

細肉餡 Farce fine
黃雞腿 2 隻（先前
步驟所保留）
蛋白 80 克
35% 的液狀鮮奶油
100 克
鹽、胡椒粉

家禽肉汁
Jus de volaille
家禽頸部、腳和骨頭
（先前步驟所保留）
紅蔥頭 200 克
大蒜 3 瓣
胡椒 5 粒
奶油 50 克
百里香 1 小枝
月桂葉 1 片

最後修飾
迷迭香 4 枝
百里香幾枝
月桂葉 4 片
黑醋栗 4 顆

家禽肉

用噴槍火燒黃雞，以去除羽毛。將內臟掏空，保留肝臟、心臟和砂囊（雞胗），並保留頸部和腳用來熬煮肉汁。用小刀去除雞皮，但不要將皮刺穿，在烤盤上攤開，撒上鹽之花，靜置30分鐘。將皮擦拭乾淨，冷藏保存。在加了醋的大量冷水中放入小牛胸腺，接著煮沸，燙煮20分鐘。離火，浸泡15分鐘，接著去除薄膜（見50頁技法），用重物壓著。

焗烤肉餡

將豬脂切成碎粒，將紅蔥頭去皮切碎，將家禽肝、心和胗切半。在平底煎鍋中，用奶油炒豬脂、切碎的紅蔥頭和內臟。調味並加入百里香花。倒入干邑白蘭地，接著焰燒（flambé）。用食物料理機攪打並過篩。冷藏保存至組裝的時刻。

細肉餡

為雞腿去骨，用機器將肉絞碎，加鹽後再加入蛋白。打勻用網篩過篩，接著下墊冰塊，將液狀鮮奶油混入拌勻。調味，冷藏保存。

家禽肉汁

在燉鍋中火烤家禽骨頭、頸部和腳。烤至上色後，加入切碎的紅蔥頭，接著是帶皮大蒜和磨碎的胡椒。混入奶油，讓奶油加熱起泡5分鐘。先倒入100毫升的水，溶出鍋底精華，接著用水淹過。加入百里香和月桂葉，接著微滾45分鐘。用漏勺仔細撈去表面的雜質和油脂，接著用漏斗型濾器過濾，將湯汁濃縮至形成如同半釉汁（demi-glace）般的濃稠質地。

烹調

將肥肝切成厚5公分的長條狀（見42頁技法），將焗烤肉餡塑形成和肥肝條同樣直徑的條狀。將小牛胸腺切成規則塊狀。將黃雞皮鋪在保鮮膜上，蓋上約厚5公釐的細肉餡，交錯放上小牛胸腺塊、切條的黃雞胸肉、肥肝條和焗烤肉餡條。再蓋上一層薄薄的細肉餡，捲成緊實的肉卷，用蒸烤箱以82℃蒸烤35分鐘，直到內部溫度達62℃。烤好後，冷藏保存24小時。

擺盤

為肉卷淋上家禽肉汁，接著切片後每盤搭配1顆黑醋栗上菜，並用迷迭香、百里香和月桂葉製作裝飾花束。

CHOU FARCI
高麗菜卷

4 人份

準備時間
1 小時 30 分鐘

烹調時間
50 分鐘

保存時間
3 日

器材
漏斗型濾器
直徑 15 公分的
大湯勺
料理繩（Ficelle）
粗孔絞肉機

食材

高麗菜 Chou
綠色高麗菜 1 顆

肉餡
豬上頸肉（échine
de porc）200 克
鹽漬豬背脂（lard
gras de Colonna-
ta）100 克
網油 250 克
水 1 公升
白醋 100 毫升
生肥肝 150 克
粗粒灰鹽
鹽、胡椒

**烹煮湯底
Fond de cuisson**
胡蘿蔔 150 克
洋蔥 150 克
西洋芹 80 克
大蒜 4 瓣
橄欖油
香草束（bouquet
garni）1 束
白酒 100 毫升
小牛清湯（fond de
veau clair）1.5 公升

高麗菜
摘下高麗菜的葉片，清洗後以鹽水煮，下墊冰塊冰鎮至完全冷卻，接著再將高麗菜的水分吸乾。

肉餡
將豬上頸肉和鹽漬豬背脂切成小塊，接著放入裝有粗孔出料片的絞肉機，絞碎 2 次。很重要的是，肉餡要保持冰涼。調味，冷藏保存 30 分鐘。將網油浸泡在醋水中（見 54 頁技法）。在不加油的熱平底煎鍋中，翻炒預先切成厚約 4 公分的 4 片肥肝，不要炒熟。

高麗菜卷的組裝
為大湯勺依序鋪上網油、高麗菜葉、厚 2 公分的肉餡，再鋪上一層高麗菜葉，最後在中央加上肥肝片。用高麗菜葉蓋住表面。輕輕脫模，塑成圓形，接著像綁西瓜般綁好。

烹煮湯底 FOND DE CUISSON
將蔬菜切成小片，將大蒜切碎。在煎炒鍋中，將上述食材炒至出汁但不上色，倒入白酒溶出鍋底精華，將湯汁收乾。擺入高麗菜卷，用小牛清湯淹過，加蓋，接著入烤箱以 160℃（溫控器 5/6）燉煮 45 分鐘。完成後，用漏斗型濾器過濾且一邊按壓，將燉煮湯底收乾至形成糖漿狀質地。

擺盤
為高麗菜卷淋上濃縮的燉煮湯底。以燉鍋上菜。

SAUCISSES AU VERT
綠色香腸

4 人份

準備時間
2 小時

烹調時間
1 小時

保存時間
3 日

器材
果汁機
平底不鏽鋼盆
料理繩（Ficelle）
手持電動攪拌棒
手動灌腸機
刨刀 Microplane

食材

香腸 Saucisses
綠色羽衣甘藍
（chou vert kale）
300 克
尖頭綠色高麗菜
（chou vert pointu）
1 顆
綠高麗菜 1/2 顆
大麥（洋薏仁 orge
perlé）100 克
豌豆仁 150 克
辣根（raifort）10 克
薑 10 克
青檸檬 1 顆（皮）
烘烤過的蕎麥
（sarrasin torréfié）
50 克
平葉巴西利葉 1/2 束
24/26 口徑的香腸
腸衣（1 公尺）
橄欖油 50 毫升
粗粒灰鹽、胡椒

墨西哥辣椒青醬
鹽漬墨西哥辣椒
（piment jalapeño
saumuré）20 克
橄欖油 20 毫升
35%的液狀鮮奶油
100 克
綠色菜椒（piment
végétal vert）
1 根
黃檸檬 1 顆
三仙膠（gomme
xanthane）1 克

香腸

取下尖頭高麗菜和綠高麗菜最外面的綠葉和菜芯。將所有高麗菜的葉片摘下，去除粗葉脈，接著清洗葉片。在大型的中身湯鍋（rondeau）中，將水煮沸，撒上粗粒灰鹽，每顆高麗菜葉片用大火燙煮8分鐘。放入一盆冰水中冷卻，接著在吸水紙上瀝乾。用刀將煮熟的高麗菜切碎，預留備用。用鹽水煮洋薏仁，煮好後瀝乾。用豌豆仁2倍份量的水燙煮豌豆仁，煮至形成豌豆泥。用手持電動攪拌棒將豌豆泥攪打至平滑，以小火加熱，將水分煮乾，作為黏著劑使用。混合內餡的所有材料（切碎的高麗菜、洋薏仁和豌豆泥），加入辣根和薑絲、青檸檬皮、蕎麥和切碎的巴西利，接著調味。將腸衣浸泡在溫水中（見52頁技法）。將腸衣套在手動灌腸機上，接著放入內餡，一邊用手拿著腸衣，一邊推入內餡，使內餡均勻分布且不形成氣泡（見94頁技法）。捏著香腸的兩邊（約10公分），轉2至3圈（見98頁技法），為香腸塑形。重複同樣的步驟，接著用繩子將兩端綁起。將香腸串冷藏保存2小時。

墨西哥辣椒青醬

為墨西哥辣椒去籽，接著以冷水煮沸進行燙煮。將辣椒瀝乾，接著放入小型的平底煎鍋，以橄欖油快速炒至出汁。倒入液狀鮮奶油，煮沸。倒入果汁機，加入菜椒、檸檬汁和三仙膠攪打，讓醬汁變得濃稠。下墊一層冰塊保存。

最後修飾

為香腸戳洞，以避免在烹煮時爆裂。在平底煎鍋中，小心地用橄欖油煎香腸串約10幾分鐘，煎至上色。搭配青醬享用。

CRÉPINETTE AU GINGEMBRE ET À LA CITRONNELLE
薑香檸檬網包肉卷

4 人份

準備時間
1 小時

烹調時間
10 分鐘

保存時間
2 日

器材
漏勺
絞肉機

食材

網包
豬上頸肉（échine de porc）600 克
豬脂（lard gras）200 克
洋蔥 1 顆
橄欖油 2 大匙
不甜白酒 300 毫升
切碎的薑 1 大匙
切碎的檸檬草（citronnelle）1 大匙
新鮮香菜 1 大匙
鹽每公斤 14 克
馬達加斯加野生胡椒每公斤 8 克
豬網油 200 克

菠菜
新鮮菠菜 800 克
奶油 70 克
鹽、胡椒

醬汁
橄欖油 50 克
甜醬油（sauce soja sucrée）200 毫升
奶油 50 克

最後修飾
菠菜嫩葉 30 克
蕎麥粒（graines de sarrasin）1 小匙

網包

將豬上頸肉和豬脂放入中孔絞肉機中絞碎。將洋蔥去皮切碎，接著用橄欖油炒至出汁，但不要上色。倒入白酒溶出鍋底精華，將水分完全收乾，並確保將洋蔥煮至充分軟化。放涼。全部混入絞肉中，加入薑、檸檬草、切碎的香菜，調味。製成每顆150克，共4顆肉球。壓扁，接著用網油包起，冷藏保存。

菠菜

將菠菜去梗、清洗，接著擰乾。用奶油炒菠菜。撒上鹽和胡椒，保溫。

烹調

在不沾平底煎鍋中，用橄欖油將豬網包的每面煎至上色。將平底煎鍋入烤箱以180℃（溫控器 6）烤8分鐘。烤好後，用漏勺為平底煎鍋撈去油脂，加入醬油，煮沸後加入奶油。為豬網包刷上醬汁，撒上蕎麥粒，接著擺在一層炒菠菜上享用，也可加上幾片生的嫩菠菜葉。

MONTGOLFIÈRE DE SAINT-JACQUES, PETITS LÉGUMES ET SAUCE CHAMPAGNE
干貝熱氣球佐迷你蔬菜和香檳醬

4 人份

準備時間
35 分鐘

烹調時間
15 至 20 分鐘

冷藏時間
20 分鐘

冷凍時間
15 分鐘

保存時間
立即食用

器材
獅頭碗（bols à tête de lion）4 個
漏斗型網篩
細尖刀
料理刷
擀麵棍

食材
快速千層麵團（見 58 頁技法）250 克
鹽、胡椒

配料
蘑菇 100 克
奶油適量
橄欖油適量
綠花椰菜 100 克
塊根芹（céleri-rave）80 克
綠蘆筍 80 克
迷你胡蘿蔔 100 克
四季豆 60 克
烘焙芝麻 12 克
干貝 12 顆
（約 480 克）

香檳醬 Sauce champagne
番茄 60 克
紅蔥頭 100 克
奶油 15 克
麵粉 15 克
香檳（champagne）400 克
家禽白色高湯（fond blanc de volaille）200 克
法式鮮奶油（crème fraîche）40 克

蛋液
蛋 1 顆
蛋黃 2 顆

配料

將蘑菇切成 4 塊。在平底煎鍋中，用橄欖油和奶油煎炒。加鹽和胡椒調味。取下綠花椰菜的小花，將剩餘最嫩的部分切成碎塊。將西洋芹去皮，切成 3×1 公分的條狀。將蘆筍的尖端切去 5 公分，切去尾端的最後 3 公分（不必保留），然後將剩餘的部分斜切成 4 段。清洗並刷洗迷你胡蘿蔔，接著將葉片切至剩下 1 公分。為四季豆撕去二側的粗纖維。以大量鹽水將所有蔬菜（蘑菇除外）煮沸燙煮幾秒，立即放入冷水中冷卻以中止烹煮。在平底煎鍋中，將蔬菜各別用橄欖油和奶油稍微煎炒。用鹽和胡椒調味。冷藏保存至組裝的時刻。在平底煎鍋中，用榛果大小的奶油和橄欖油煎干貝的一面 1 分鐘，接著冷凍 15 至 20 分鐘，以減緩烹煮速度。

香檳醬

將帶皮番茄切成 1 公分的小丁。將紅蔥頭切碎，在平底深鍋中用奶油炒至出汁，接著加入麵粉和番茄丁翻炒。用香檳淹過，將湯汁收乾一半。倒入白色高湯，煮約 10 分鐘。加入法式鮮奶油，以小火煮至形成可塗層的濃稠質地。用漏斗型網篩過濾並仔細按壓。

擺盤

將千層派皮擀至 1.5 公釐的厚度，切成 4 片約比獅頭碗直徑大 2 公分的圓形派皮。在每個碗中放入蔬菜，撒上烘焙芝麻。最後放上干貝和 60 克的香檳醬。為千層派皮圓餅的邊緣約 1.5 公分寬處刷上蛋液，倒置在碗上。小心地黏貼在碗的外壁上。為派皮表面刷上蛋液，接著用細尖刀劃出花紋，製作裝飾。將烤箱預熱至 240°C（溫控器 8），接著將溫度調低至 220°C（溫控器 7/8），將碗放入烤箱烤 20 分鐘。取下千層派皮後可刨上少許松露片（材料表外）。

PAUPIETTES DE VOLAILLE MARENGO
馬倫哥家禽肉卷

4 人份

準備時間
2 小時

烹調時間
1 小時

保存時間
3 日

器材
料理繩（Ficelle）
漏斗型濾器
食物處理機
擀麵棍
網篩

食材

家禽肉卷 Paupiettes de volaille
雞腿 4 隻
自選的家禽胸肉
（blanc de volaille）
300 克
蛋白 60 克
膏狀奶油 80 克
35%的液狀鮮奶油
150 毫升
煙燻培根（poitrine fumée）8 片
網油 250 克
月桂葉 12 片
鹽、胡椒

配料
馬鈴薯 20 顆
蘑菇 300 克
奶油 30 克 + 50 克
小洋蔥 300 克
糖 5 克
鹽、胡椒

馬倫哥醬汁
Sauce marengo
大蒜 4 瓣
洋蔥 1 顆
麵粉 20 克
花生油 100 毫升
奶油 20 克
白酒 100 毫升
番茄糊（concentré de tomates）30 克
未勾芡小牛棕色清湯（fond brun de veau clair）1 公升
香草束（bouquet garni）1 束
鹽、胡椒

家禽肉卷
為雞腿去骨，接著將肉夾在 2 張烤盤紙之間，用擀麵棍壓平。為家禽胸肉去除筋膜，切塊。放入食物處理機中，連同鹽和蛋白一起攪打，混入膏狀奶油，接著用網篩過濾。在一層冰塊上混合肉餡和鮮奶油。為雞腿內部調味並填入肉餡。塑成圓形，在側邊鋪上 2 片煙燻培根，用網油包起，如同綁西瓜般綁好，並在每個肉卷表面放上 3 片月桂葉。

配料
將馬鈴薯去皮，切成長 8 公分且直徑約 2 公分的圓柱狀，接著預先燙煮熟備用。將蘑菇去皮、清洗並切成薄片。用 30 克的榛果奶油（beurre noisette）翻炒，加鹽和胡椒。在平底深鍋中，將小洋蔥和剩餘的奶油炒至出汁，讓水蒸發，接著用糖煮至焦糖化。

馬倫哥醬汁
將大蒜和洋蔥去皮切碎。為家禽肉卷撒上麵粉，在平底煎鍋中，用熱油和奶油煎成金黃色。將肉卷取出，用吸水紙吸去平底煎鍋中的油脂，將切碎的洋蔥炒至出汁。倒入白酒溶出鍋底精華，將湯汁收乾，接著加入番茄糊。用小牛高湯淹過，煮沸。加入切碎的大蒜和香草束與肉卷。加蓋，入烤箱以 180℃（溫控器 6）烤 30 分鐘。取出家禽肉卷，用漏斗型濾器過濾醬汁，一邊按壓。確認醬汁的調味和滑順度，接著再放回肉卷，加入馬倫哥醬汁，以小火慢燉 10 幾分鐘。

擺盤
在湯盤中放上 1 個肉卷，周圍擺上幾條馬鈴薯條、蘑菇、小洋蔥和馬倫哥醬汁。

TOMATE FARCIE CHAMPÊTRE, SALADE MÊLÉE
鄉村風鑲餡番茄佐什錦沙拉

4 人份

準備時間
1 小時

烹調時間
2 小時

保存時間
2 日

器材
漏斗型濾器
直徑 8 公分的迷你
塔模（moules à tart-
elettes）8 個
直徑 10 公分的圓形
壓模
料理刷

食材

鑲餡番茄
Tomates farcies
黃番茄（tomates
jaunes）4 大顆
豬頰肉 6 塊
洋蔥 1 顆
胡蘿蔔 200 克
百里香 1 小枝
月桂葉 1 片
熟豬腳 2 隻
平葉巴西利葉 1 束
青蔥 1 束
紅蔥頭 3 顆
白酒 150 毫升

生菜沙拉
京水菜（mizuna）
150 克
黃色細葉苦苣
（frisée fine jaune）
80 克
香葉芹（cerfeuil）
¼ 束
薄餅皮（feuille de
brick）4 張
澄清奶油 50 毫升

最後修飾
麵包粉 50 克
蘋果酒醋 20 毫升
核桃油 20 毫升
蔥 1 根
鹽、胡椒

鑲餡番茄
清洗番茄，將頂端切下，並將內部挖空。為番茄內部調味，倒置讓番茄排水。為豬頰肉去皮，放入大量加鹽冷水中，煮沸燙煮。加入調味蔬菜：切碎的洋蔥、切成碎塊的胡蘿蔔、百里香和月桂葉。微滾1小時。為熟豬腳去骨，將肉約略切碎，放入平底煎鍋，加入切碎的平葉巴西利葉和蔥。用豬腳湯汁翻炒，接著倒入白酒溶出鍋底精華。將豬頰肉瀝乾，切成約1公分的小丁，將紅蔥頭切碎，所有材料燉煮20幾分鐘，接著加入炒好的豬腳混料。將這肉餡預留備用。將豬頰肉高湯的湯汁收乾至形成濃稠質地，並用漏斗型濾器過濾。

生菜沙拉
清洗生菜，擦乾，預留備用。將薄餅皮切成4個直徑10公分的圓餅，刷上澄清奶油，夾在2個迷你塔模中，入烤箱以150℃（溫控器5）烤5分鐘，接著預留備用。

擺盤
在番茄中填入肉餡，撒上麵包粉，再蓋上頂蓋。淋上濃縮豬頰肉高湯，將番茄入烤箱以150℃（溫控器5）燉烤20分鐘。用蘋果酒醋為濃縮高湯調味。將高湯拌入生菜，用核桃油、鹽和胡椒調味。擺在以薄餅皮製作的迷你塔底上。在餐盤中，擺上1顆鑲餡番茄，並在表面擺上幾片斜切的青蔥，佐生菜沙拉迷你塔和濃縮高湯享用。

CONCHIGLIONI FARCIS
鑲餡貝殼麵

5 人份

準備時間
30 分鐘

烹調時間
1 小時

保存時間
冷藏 3 日

器材
炒鍋（Sautoir）

食材
貝殼麵（conchiglioni）40 個
（約 575 克）
羅勒足量

豬腳肉餡 Farce de pieds de cochons
熟豬腳 440 克
紅蔥頭 100 克
大蒜 10 克
奶油 20 克
白酒 240 克
平葉巴西利葉 40 克
塊根芹（céleri-rave）240 克
帕馬森乳酪 60 克

番茄碎 Concassée de tomates
番茄 1.2 公斤
洋蔥 128 克
大蒜 8 克
橄欖油 48 克
百里香足量
月桂葉足量
鹽

豬腳肉餡
用雙耳蓋鍋加熱豬腳，加蓋入烤箱以120°C（溫控器4）烤20分鐘（骨頭應會自行脫落）。去骨，攤平冷卻，包上保鮮膜，冷藏保存。將紅蔥頭和大蒜切碎。在平底煎鍋中，用一半的奶油將紅蔥頭炒至出汁，接著加入大蒜，以小火炒5分鐘。倒入白酒溶出鍋底精華，將湯汁收乾至液體完全蒸發。蓋上保鮮膜，冷藏保存。將巴西利切碎，蓋上保鮮膜，冷藏保存。將塊根芹去皮，切成碎粒。在平底煎鍋中，用剩餘的奶油加蓋燜煮塊根芹，以小火煮10分鐘。在豬腳冷卻時，切成4公釐的小丁。用保鮮膜包好，冷藏保存至擺盤的時刻。

番茄碎
將番茄去皮、去籽，接著切成1公分的小丁。將洋蔥切碎，將預先去芽的大蒜切碎。在炒鍋中，用橄欖油將洋蔥炒至出汁，接著加入大蒜。加入番茄丁、百里香、月桂葉和少許鹽。加蓋慢燉30至40分鐘。煮好後，調整味道。

組裝
在炒鍋中加熱豬腳丁、燜煮的塊根芹和紅蔥頭混料。放至剛好微溫，讓整體變得均勻。離火，加入切碎的巴西利和帕馬森乳酪。調整味道。在加了鹽的沸水中煮麵12至15分鐘（依包裝上的說明），必須保留些許硬度。將麵瀝乾，過冷水以中止烹煮。在貝殼麵的凹槽中填入豬腳肉餡。在可放入烤箱的餐盤中，倒入一半的番茄碎，再擺上鑲餡貝殼麵。蓋上鋁箔紙，入烤箱以140°C（溫控器4/5）烤15分鐘。將剩餘的熱番茄碎連同鑲餡貝殼麵一起放在餐盤上，撒上幾片羅勒嫩葉（材料表外）。

熟食冷肉料理

CHARCUTERIE CUISINÉE

SALADE DE JAMBONNEAU, ŒUF POCHÉ ET SABAYON AUX ÉPICES
蹄膀水煮蛋沙拉佐香料沙巴雍

6 人份

準備時間
45 分鐘

烹調時間
30 分鐘

保存時間
2 日

器材
溫度計

食材

蹄膀沙拉 Salade de Jambonneau
熟蹄膀（Jambonneau cuit）800 克 1 隻
紅蔥頭 1 顆
酸黃瓜（cornichons）80 克
油漬番茄 100 克
酸豆 20 克
細香蔥 1 束
龍蒿 1 大匙
橄欖油 100 毫升
芥末醬 20 克
巴薩米克醋 50 克
鹽、胡椒

水煮蛋
蛋 6 顆
醋 100 毫升
水 1 公升

香料沙巴雍
蛋黃 2 顆
水 2 大匙
澄清奶油 125 克
馬達加斯加野生胡椒（poivre voatsiperifery）½ 小匙
艾斯佩雷辣椒粉（piment d'Espelette）½ 小匙
鹽

最後修飾
水煮鵪鶉蛋 9 顆
紅洋蔥 1 顆
繁縷葉（mouron des oiseaux）幾片

蹄膀沙拉
將蹄膀切成 0.5 公分的規則小丁。將紅蔥頭去皮切碎。將酸黃瓜和番茄切成碎粒。將所有食材放入沙拉碗，用酸豆、切碎的香草、油、芥末和醋調味。加鹽和胡椒，拌勻。

水煮蛋
在微滾的醋水中煮蛋 3 至 4 分鐘，接著撈起放入一盆冰水中冰鎮。

香料沙巴雍
將蛋黃和水倒入小型鋼盆中，以小火或隔水加熱的方式加熱，接著用力攪打至形成濃稠的泡沫狀。確認溫度不超過 65℃，以免變成炒蛋。逐量混入澄清奶油，接著用胡椒、艾斯佩雷辣椒粉和鹽調整味道。以隔水加熱的方式保溫，或保存在溫暖的地方。

擺盤
享用前將水煮蛋以溫水加熱（非必要）。將少量蹄膀沙拉擺在餐盤底部，加入微溫的水煮蛋，表面整個鋪上香料沙巴雍，最後再放上切半的鵪鶉水煮蛋、幾圈的紅洋蔥和幾片繁縷葉與酸模葉（材料表外）。

JAMBONNEAU GLACÉ À LA MOUTARDE
芥末釉面蹄膀

6 人份

準備時間
3 小時

烹調時間
2 小時

冷藏時間
24 小時

保存時間
4 至 5 日

器材
漏斗型濾器
直徑 20 公分且高 15 公分的圓形模型
擀麵棍

食材

蹄膀 Jambonneau
半鹽後腿蹄膀 2 隻
胡蘿蔔 2 根
洋蔥 1 顆
香草束（bouquet garni）1 束
丁香 3 顆
胡椒 5 粒

內餡 Insert
煮熟的血腸 300 克
熟栗子 250 克

芥末釉面 Glaçage à la moutarde
吉利丁 6 片（Bloom 200）
芥菜籽（graines de moutarde）200 克
蜂蜜 50 克
蘋果酒醋 100 毫升
薑黃 10 克
莎弗拉芥末醬（moutarde Savora）80 克
鹽、胡椒

最後修飾
開心果粉 300 克

蹄膀
在雙耳蓋鍋中，以大量水燙煮蹄膀，煮沸。將調味蔬菜（胡蘿蔔和洋蔥）切成碎塊。將蹄膀換水烹煮，加入配料、香草束、丁香和胡椒粒，接著微滾至骨肉分離，約2小時左右。

內餡
將血腸去皮，鋪在2張烤盤紙之間，壓擀至形成直徑15公分的圓餅。冷藏保存至組裝的時刻。將熟栗子切成大塊。

芥末釉面
在一碗冷水中將吉利丁泡開。在裝有水的平底深鍋中，燙煮芥菜籽3次。在另一個平底深鍋，將蜂蜜和醋煮沸，接著混入薑黃和莎弗拉芥末醬。離火，調味，加入燙煮過的芥菜籽，並加入預先擰乾的吉利丁拌勻。冷藏保存24小時。

組裝
在蹄膀煮好後，小心地去骨，並保留肉和皮作為組裝用。過濾烹煮高湯，將湯汁收乾一半。在模具底部擺上1片蹄膀皮。鋪上約3公分厚的肉塊，擺上血腸圓餅，接著是栗子碎塊。再蓋上蹄膀肉，最後再鋪上皮，皮的正面朝外。為組裝好的食材淋上少許高湯，覆蓋上保鮮膜，接著在表面放上重物並輕輕按壓。冷藏保存5小時。

擺盤
脫模後，淋上溫的芥末釉面，並將釉面在表面均勻鋪開。整個冷藏，讓釉面凝固一個晚上，並在周圍沾裹上開心果粉即可切塊享用。

RAVIOLES DE BOUDIN NOIR FRITES, HOUMOUS DE TARBAIS ET COULIS DE PIQUILLOS

血腸炸餃佐塔布白豆泥和紅椒庫利

10 人份

準備時間
1 小時

烹調時間
10 分鐘

保存時間
1 日

器材
直徑 10 公分的圓形
壓模
壓麵機
無花嘴的擠花袋
食物處理機
Robot chauffant具
加熱功能的多功能
料理機（Thermo-
mix）
溫度計

食材

麵餃皮
Pâte à ravioles
麵粉 200 克
蛋 2 顆
橄欖油 2 大匙
鹽 2 撮

麵餃肉餡
血腸（boudin noir）
400 克
35%的液狀鮮奶油
50 克
艾斯佩雷辣椒粉 1 撮

塔布白豆泥
熟的塔布白豆 250 克
大蒜 1/2 瓣
芝麻醬 2 大匙
孜然粉 1/2 小匙
橄欖油 50 克

紅椒庫利
紅椒 200 克
橄欖油 50 克
鹽 2 克
艾斯佩雷辣椒粉 5 克

巴西利油
平葉巴西利葉 50 克
大蒜 1/2 瓣
鹽 1/2 小匙
葡萄籽油 100 克

最後修飾
油炸用油
血腸 10 片（約 2 條）
醋漬綠辣椒 10 根
豌豆苗 1 盒

麵餃皮
在攪拌碗或食物料理機的攪拌缸中，混合麵粉、打散的蛋、油和鹽。揉麵至形成球狀，冷藏靜置1小時。用壓麵機（Laminoir）以6號位置重複擀壓幾次。用壓模將麵皮裁成直徑8公分的圓餅皮，冷藏保存至組裝的階段。

麵餃肉餡
去掉血腸的腸衣，接著連同鮮奶油和艾斯佩雷辣椒粉一起用叉子壓碎。將備料填入擠花袋。用少許的水和刷子濕潤圓形麵皮邊緣。在中央擠入少量肉餡，接著將麵餃皮對折封起，並將邊緣捏緊密合。冷藏保存至烹煮的時刻。

塔布白豆泥
在食物料理機的攪拌缸中放入白豆、去皮大蒜、芝麻醬和孜然粉，攪打。用橄欖油緩緩打發，冷藏保存。

紅椒庫利
用食物料理機攪打紅椒、橄欖油、鹽和艾斯佩雷辣椒粉。冷藏保存至擺盤的時刻。

巴西利油
在具加熱功能的多功能料理機（Thermomix）的攪拌缸中，放入巴西利、去皮大蒜、鹽和油。以70℃和速度2攪打40分鐘。打好後，過濾並冷藏保存。

擺盤
在油鍋中，以180℃油炸麵餃，瀝乾，接著加鹽。將血腸切成厚3公分的10片薄片，刷上橄欖油，在烤箱的烤架下方以220℃（溫控器7/8）烤3至4分鐘。在餐盤底部放上少量的白豆泥，每盤放上3顆麵餃和1段血腸。最後擠上紅椒庫利、香草油、醋漬綠辣椒和幾根豌豆嫩芽，也可放幾顆煮好的白豆（材料表外）。

TRUCS ET ASTUCES DE CHEFS
必學主廚技巧

如果不想自己製作麵餃皮，
可使用餛飩（中式餃子）皮。

ROYALE DE FOIE GRAS
皇家肥肝

4 人份

準備時間
1 小時 30 分鐘

烹調時間
1 小時 45 分鐘

保存時間
3 日

器材
果汁機
濾袋 (Chaussette de filtration) 或網篩用濾布 (étamine passe-bouillon)
活塞式漏斗型濾器 (chinois à piston)
漏斗型網篩
水果刀
槽型模或擀麵棍
平底深鍋
6.7×3.6 公分的梭形多孔矽膠連模 (Moule en silicone à empreintes de quenelles)
矽膠烤墊

食材

皇家肥肝
生肥肝 300 克
全脂牛乳 250 毫升
蛋 2 顆
蛋黃 3 顆
鹽、胡椒

亞麻籽焦糖杏仁糖
水 40 克
砂糖 240 克
葡萄糖漿 180 克
切碎杏仁 180 克
亞麻籽 100 克

家禽凍
家禽翅膀 2 公斤
花生油 50 毫升
紅蔥頭 100 克
胡蘿蔔 80 克
百里香 1 小枝
月桂葉 1 片
砂勞越 (Sarawak)
黑胡椒 10 粒
蛋白 60 克
番茄糊 (concentré de tomates) 40 克
黑蒜 (ail noir) 10 克
洋蔥 1 顆
冰塊幾顆
吉利丁 12 片
(Bloom 200)

最後修飾
濃縮清湯 (consommé réduit) 100 毫升
亞麻籽 10 克

皇家肥肝
用水果刀為肥肝去除靜脈 (見48頁技法)。放入果汁機，連同預先加熱至微溫的牛乳一起攪打，過濾。用打蛋器混入全蛋和蛋黃，接著調味。用活塞式漏斗型濾器 (chinois à piston) 將肥肝過濾至湯盤中，入烤箱以80℃烤30分鐘。應形成如布丁 (flan) 般的質地。

亞麻籽焦糖杏仁糖
在平底深鍋中加熱水和糖，加入葡萄糖漿，煮至形成琥珀色焦糖。加入杏仁和亞麻籽，接著移至鋪有烤盤墊的烤盤上。蓋上一張烤盤紙，接著用擀麵棍擀至形成約3公釐的厚度。入烤箱以150℃ (溫控器5) 烘烤5分鐘。出爐時，切成4個細的等腰三角形 (15×15×5公分)，接著擺在槽型模或擀麵棍上，以形成曲形。

家禽凍
用刀將雞翅切碎。用油炒至上色，接著將油瀝乾，加入切碎的紅蔥頭、切成小片的胡蘿蔔、百里香、月桂葉和胡椒。用水淹過，將家禽高湯微滾1小時，用漏斗型網篩過濾至平底深鍋中。用稍微打至起泡的蛋白製作澄清料糊，混入番茄糊、黑蒜和切碎的洋蔥，加入幾顆冰塊來調節溫度。用打蛋器將上述的澄清料糊混入家禽高湯，接著以中火加熱10分鐘。表面將凝固，在中央挖出1個排氣口，再煮30分鐘。用濾袋過濾。在一碗冷水中將吉利丁泡開。取300毫升的清湯收乾至形成濃稠質地的醬汁，作為擺盤用。剩餘的家禽清湯加入擰乾的吉利丁溶化，接著倒入梭形模中，冷藏保存1小時。

擺盤
在微溫的皇家肥肝周圍淋上1圈濃縮醬汁，並撒上亞麻籽。在每塊皇家肥肝上放1片亞麻籽焦糖杏仁糖，接著將梭形家禽凍脫模放在中央。

OREILLES DE COCHON CROUSTILLANTES
脆皮豬耳朵

6 人份

準備時間
1 小時

烹調時間
2 小時 30 分鐘

保存時間
5 日

器材
剃刀
漏斗型網篩
12×2 公分且高 2 公分的長方形模具

食材

豬耳朵
豬耳朵 3 隻
洋蔥 1 顆
丁香 3 顆
胡蘿蔔 1 根
香草束（bouquet garni）1 束
粗粒灰鹽
雪利酒醋（vinaigre de Xérès）20 毫升

最後修飾
青芒果（mangue verte）1 顆
葡萄籽油 20 毫升
無鹽花生 50 克
布裡夫紫羅蘭芥末醬（moutarde violette de Brive）10 克
西洋芹葉幾片

豬耳朵
用剃刀為豬耳去毛。在大量鹽水中燙煮豬耳 20 分鐘，接著撈去表面的浮沫，以去除雜質。加入去皮且鑲入丁香的洋蔥、切半的胡蘿蔔、香草束和粗粒灰鹽。微滾 2 小時。確認熟度後，將豬耳取出。挑出大的軟骨，切成約 1 公分厚的薄片。為長方形模具鋪上保鮮膜，放入豬耳薄片，排好後用力壓緊。

濃縮高湯
將上述高湯濃縮至形成糖漿狀質地，接著倒入雪利酒醋。

最後修飾
為青芒果去皮、切絲，用葡萄籽油調味。在平底煎鍋中翻炒花生 5 分鐘。加入紫羅蘭芥末醬，只用湯匙拌勻，保存在用烤盤紙製成的小型圓錐形紙袋中。

擺盤
為豬耳凍脫模，切成約 2 公分的厚片，在無油的不沾平底煎鍋中將表面煎至焦糖化。將豬耳凍擺在餐盤中，用濃縮高湯和芥末醬交錯擠出製作小點，接著擺上青芒果絲、焙炒花生和幾片西洋芹葉。

CROMESQUIS DE JOUE DE BŒUF ET ESPUMA AU PERSIL
炸牛頰肉丸佐巴西利泡沫

10 人份

準備時間
3 小時

加熱時間
2 小時

冷藏時間
1 小時

保存時間
2 日

器材
直徑 5 公分且高 3 公分的塔圈 10 個
漏斗型濾器
漏勺
手持電動攪拌棒
奶油槍（Siphon）+ N₂O氣彈 2 顆
溫度計

食材

牛頰肉
Joues de bœuf
牛頰肉 2 塊
奶油
芥花油
胡蘿蔔 1 根
洋蔥 1 顆
西洋芹 2 根
月桂葉 1 片
百里香 3 枝
含單寧的紅酒（vin rouge tanique）
500 毫升

水 1 公升
龍蒿芥末（Moutarde à l'estragon）
巴西利 2 大匙
鹽、胡椒

裹粉Panure
麵粉 100 克
蛋白 100 克
麵包粉（chapelure）100 克

巴西利汁
Jus de persil
巴西利 ½ 束

巴西利泡沫
Espuma au persil
全蛋 3 顆
蛋黃 90 克
融化奶油 150 毫升
橄欖油 150 毫升
大蒜 2 瓣
濃縮巴西利汁（jus de persil réduit）2 大匙

最後修飾
油炸用油
綜合生菜（mesclun）¼ 束
新鮮松露 20 克
濃縮烹煮湯汁 200 毫升

牛頰肉
用剔骨刀（désosseur）去除牛頰肉上半部的血管。調味後，在平底深鍋中，用奶油和油將牛頰肉炒至上色。將胡蘿蔔和洋蔥去皮，接著和西洋芹一起切成約1公分的丁放入，加入月桂葉、百里香，一起炒至出汁。倒入紅酒溶出鍋底精華，接著用水淹過。煮沸，撈去浮沫，接著入烤箱以180℃（溫控器6）烤1小時30分鐘。在牛頰肉分離時停止烹煮。將牛頰肉瀝乾後，用叉子在沙拉碗中將肉弄碎。預留備用。用細孔漏斗型濾器過濾醬汁，接著將醬汁收乾至形成糖漿狀。用100克的濃縮烹煮湯汁勾芡牛頰碎肉。用芥末和切碎的巴西利調味。調整味道。保留剩餘的醬汁作為擺盤用。

裹粉
將塔圈擺在鋪有烤盤紙的烤盤上，在每個塔圈內填入碎牛頰肉。冷藏凝固1小時。脫模後，裹上麵粉。去除多餘的麵粉，沾裹蛋白，接著裹上麵包粉。再次重複沾裹蛋白和麵包粉的步驟，接著冷藏保存。

巴西利汁
在大量加了鹽的沸水中煮巴西利，瀝乾，接著連同70克的水一起用食物料理機攪打，形成庫利。

巴西利泡沫
在攪拌碗中倒入全蛋和蛋黃，混入30℃的奶油、橄欖油和切碎的大蒜，接著用手持電動攪拌棒攪打。加入巴西利汁，再度攪打並過濾。填入奶油槍，裝上2顆氮氣彈，接著隔水加熱，並維持在58℃30幾分鐘。使用奶油槍前先搖一搖。

擺盤
在油炸鍋中以170℃油炸炸牛頰肉丸，炸至形成金黃色。最後入烤箱以200℃（溫控器6/7）烤4分鐘。在餐盤中央擠出少量的巴西利泡沫，擺上炸牛頰肉丸，最後在表面擺上少許的綜合生菜。上菜時，在周圍淋上1圈牛頰肉湯汁，並加上少許新鮮松露絲。

SCOTCH EGGS
ET ÉCRASÉ DE PETITS POIS
À LA MENTHE
蘇格蘭蛋佐薄荷豌豆泥

6 人份

準備時間
45 分鐘

烹調時間
15 分鐘

冷藏時間
30 分鐘

保存時間
2 日

器材
絞肉機
食物料理機
具加熱功能的多功能料理機（Thermomix）

食材

肉餡
豬五花 600 克
去骨鯷魚片 3 片
乾燥奧勒岡 1 大匙
拉維拉谷地紅甜椒粉 1 小匙
鹽 9 克

蛋
大顆有機蛋 6 顆
白醋

裹粉 Panure
麵粉 100 克
蛋白 100 克
麵包粉（chapelure）200 克

豌豆碎泥
新鮮豌豆 500 克
半鹽奶油 80 克
橄欖油 2 大匙
新鮮薄荷葉 15 片
檸檬汁 ½ 顆
鹽 1 小匙

豌豆油
豌豆莢（製作豌豆碎泥所保留）150 克
橄欖油 100 克
葡萄籽油 100 克
粗鹽 1 小匙

完成
豌豆油

肉餡
將豬五花和去骨鯷魚片放入細孔絞肉機中絞碎。加入奧勒岡、拉維拉谷地紅甜椒粉和鹽，接著拌勻。預留備用。

蛋
在煮沸的水中加 10% 的醋，煮蛋 5 分鐘。將蛋放入冰水中冰鎮以中止烹煮，接著剝殼，但不要把蛋弄破。預留備用。

蘇格蘭蛋的整形
用掌心取 100 克的肉餡，壓平至足以包覆蛋的大小。在肉餡中央擺上 1 顆蛋，接著小心將蛋以肉餡包裹住，形成完美的圓球。將每顆蛋滾上麵粉，接著再沾裹上蛋白。將多餘的蛋白瀝乾，接著滾上麵包粉，直到均勻包覆。冷藏 30 分鐘。

豌豆碎泥
為豌豆去莢，接著保留豆莢用來製作豌豆油。用大量加了鹽的沸水燙煮豌豆 5 分鐘。瀝乾後，連同奶油、橄欖油、檸檬汁和薄荷一起放入食物料理機中。攪打，接著調整味道，預留備用。

豌豆油
在具加熱功能的多功能料理機的攪拌缸中，放入切成小塊的豌豆莢、2 種油和粗鹽。以 70℃ 和中速攪打 40 分鐘。過濾，冷藏保存至冷卻。

最後修飾
在大型油炸鍋中，以 170℃ 油炸裹上肉餡的蛋，最後入烤箱以 170℃（溫控器 5/6）烤 5 分鐘。

擺盤
盤中鋪上一層豌豆碎泥（也可加上適量燙煮熟的豌豆），放上蘇格蘭蛋並搭配淋上 1 圈豌豆莢油上菜。

TRUCS ET ASTUCES DE CHEFS
必學主廚技巧

如果沒有具加熱功能的多功能料理機，
可以放入烤箱以 70℃（溫控器 2/3）
烤 40 分鐘來製作豌豆油。
烤好後，用食物料理機攪打，
過濾，冷藏保存至冷卻。

CARRÉ DE PORC FROID
豬排冷盤

6 人份

準備時間
1 小時 45 分鐘

烹調時間
1 小時 30 分鐘

靜置時間
酸黃瓜 1 個月

保存時間
5 日

器材
1 公升的玻璃罐 2 個
袋子（大尺寸）＋真
空包裝機
溫度計

食材
豬肋排（carré de cochon）3 公斤
西班牙香腸（chorizo）250 克
烤麵包（Pain grillé）
鹽、胡椒

奶奶的酸黃瓜 Cornichons de mamie
新鮮小黃瓜 1 公斤
粗鹽 100 克
胡椒 10 粒
香菜籽 10 顆
龍蒿 ½ 束
百里香 1 小枝
月桂葉 1 片
鳥椒（piment oiseau）1 根
杜松子（baies de genièvre）4 顆
芥菜籽（graines de moutarde）10 克
白醋 1 公升

芥菜籽
棕色芥菜籽 100 克
黃色芥菜籽 100 克
蜂蜜 10 克
薑黃（curcuma）5 克
三仙膠（gomme xanthane）2 克
蘋果酒醋 200 克
鹽

肉
為豬肋排切去脊骨，切出塊狀肋排，並將骨頭末端的碎肉清理乾淨。為西班牙香腸去皮，冷凍至香腸結凍。用刀在豬排中央挖一個洞，直徑同西班牙香腸的大小，將西班牙香腸塞入。用鹽和胡椒調味，放入真空袋中，以蒸烤箱85℃蒸烤至內部溫度為72℃。烤好後，在一層冰塊上放涼。

奶奶的酸黃瓜
將小黃瓜洗淨，抹上粗鹽，排水30分鐘。用水沖洗，擺在潔淨的毛巾上晾乾，連同所有的調味料一起放入玻璃罐中。將白醋加熱至微溫，填入玻璃罐，封好後倒置以排出空氣。待1個月後再食用。

芥菜籽
將芥菜籽放入大量冷水中，煮沸燙煮3次。瀝乾。加熱蜂蜜、薑黃和三仙膠，加入芥菜籽，調味，倒入預先加熱至微溫的醋。在玻璃罐中保存3個月。

擺盤
搭配芥菜籽、酸黃瓜和烤麵包享用切片的豬排。

LARD PAYSAN, PIPERADE, CHORIZO ET ŒUF MIROIR
鄉村培根、炒甜椒佐西班牙香腸和荷包蛋

10 人份

準備時間
1 小時

烹調時間
3 小時 30 分鐘

靜置時間
1 小時

冷藏時間
2 小時

保存時間
5 日

器材
直徑 5 公分的圓形
壓模
食物料理機
具加熱功能的多功
能料理機（Therm-
omix）
溫度計

食材

豬五花
豬五花 3 公斤
橄欖油
鹽

醃料
楓糖漿 200 克
甜醬油 200 克
蘋果汁 400 毫升
蘋果酒醋 100 毫升
薑 50 克
大蒜 2 瓣

炒甜椒
紅甜椒 4 顆
青椒 4 顆
紅洋蔥 1 顆
橄欖油
西班牙香腸 70 克
塔賈斯基無籽橄欖
2 大匙
切碎巴西利 2 大匙
艾斯佩雷辣椒粉
鹽

甜椒配菜
紅甜椒 1 顆
紅洋蔥 ½ 顆
大蒜 2 瓣
白吐司 20 克
整顆杏仁 20 克
整顆榛果 20 克
艾斯佩雷辣椒粉或
煙燻辣椒粉
雪利酒醋 1 大匙
油炸用油
橄欖油
（最好是希臘的）

最後修飾
生的西班牙香腸 3 根
蛋 10 顆
香草油（Huile
d'herbes非必要）
艾斯佩雷辣椒粉
豌豆嫩芽幾根

豬五花

將豬五花去皮，接著在可放入烤箱的平底煎鍋中加入少許橄欖油，將豬五花油煎至均勻上色。

醃料

用食物料理機攪打醃料的所有食材，淋在豬五花上。加蓋，入烤箱以140℃（溫控器4/5）的低溫烤約2小時30分鐘。烤至內部溫度達71℃。烤好後，在常溫下靜置1小時，接著用重物壓著豬五花，冷藏保存2小時。用湯匙撈去表面多餘的油脂，接著將烹煮湯汁濃縮至形成糖漿狀。

炒甜椒

將甜椒和紅洋蔥去皮切碎，接著用橄欖油翻炒。炒熟後，加入切條的西班牙香腸、切半的橄欖和切碎的巴西利。以辣椒粉和鹽調整味道，預留備用。

甜椒配菜

用烤盤紙包著甜椒、紅洋蔥和帶皮大蒜，入烤箱以180℃（溫控器6）烤1小時。烤好後，將全部材料去皮並去掉不要的部分，接著預留備用。將白吐司切成2公分的丁，在油炸鍋中連同杏仁和榛果一起油炸，接著擺在吸水紙上。用食物處理機攪打所有食材，加入艾斯佩雷辣椒粉，用少量的醋和足量的橄欖油攪拌至平滑，形成濃稠的質地。放涼，調整味道。冷藏保存。

最後修飾

將豬五花從長邊切成厚2公分的塊狀。將末端斜切，接著用平底鍋煎豬五花肉塊，最後連同少量煎煮湯汁一起入烤箱烤幾分鐘。在不沾平底鍋中，以少許橄欖油將西班牙香腸煎至上色，接著繼續入烤箱以160℃（溫控器5/6）烤10分鐘。在平底鍋中，煎蛋3至4分鐘，接著用壓模在蛋黃附近將蛋切開，形成整齊的輪廓。

擺盤

在餐盤中央擺上1塊豬五花，再放上煎蛋。在一側擺上1球梭形的炒甜椒，另一側擺上少許的甜椒配菜和1塊西班牙香腸。最後放上幾根豌豆嫩芽或你自選的香草，淋上一些香草油，並撒上少許艾斯佩雷辣椒粉。

JAMBON BRAISÉ
燉火腿

4 人份

準備時間
10 分鐘

烹調時間
3 小時 20 分鐘

保存時間
4 日

器材
薄刃刀（Couteau à lame fine）
料理刷

食材

燉火腿
Jambon braisé
乳豬火腿（Jambon de lait）3 公斤
灰鹽足量
胡椒
橄欖油

鏡面醬汁 Laquage
金合歡花蜜（miel d'acacia）150 克
奶油 50 克
醬油 10 克

燉火腿
將烤箱預熱至200℃（溫控器6/7）。在火腿的皮上劃出菱形花紋，接著用薄刃刀在整個火腿上戳洞。撒上灰鹽，並均勻抹在火腿的表面。撒上胡椒，擺在可放入烤箱的餐盤中。淋上少許橄欖油，入烤箱以180℃（溫控器6）烤40分鐘。加蓋，繼續烤2小時，接著將烤箱溫度調低至145℃（溫控器4/5），再烤1小時。

鏡面醬汁
在平底深鍋中放入蜂蜜、奶油和醬油，攪拌至全部食材都充分融化。取出火腿，將烤箱溫度調高至180℃（溫控器6）。用刷子為火腿刷上鏡面醬汁，入烤箱烤12分鐘。重複同樣的程序2次。火腿將形成帶有光澤的漂亮醬色。確認熟度，確保股骨末端的小骨頭可以輕易去除（可用探針溫度計測試）…就表示火腿已經熟了。

LANGUES DE PORC, FEUILLES DE NORI, CRÈME DE CORIANDRE ET HUÎTRE

紫菜豬舌佐香菜奶油醬和牡蠣

4 人份

準備時間
1 小時

烹調時間
2 小時

冷藏時間
2 小時

保存時間
3 日

器材
果汁機
漏斗型濾器
漏勺
料理刷

食材

豬舌
Langue de porc
豬舌 5 片
洋蔥 1 顆
丁香 3 顆
胡蘿蔔 1 根
香草束（bouquet garni）1 束
白醋 100 毫升
吉利丁 4 片
（Bloom 200）
紫菜（nori）6 片
粗粒灰鹽
鹽、胡椒

香菜奶油醬 Crème de coriandre
香菜 1 把
紅蔥頭 50 克
西洋芹 50 克
橄欖油 30 毫升
諾麗香艾酒（Noilly-Prat）20 毫升
35%的液狀鮮奶油 20 克

最後修飾
卡多芮 3 號牡蠣（huîtres Cadoret n°3）4 顆
萬壽菊花（fleur de tagète）1 朵

豬舌
用大量加鹽的冷水燙煮豬舌，並煮沸 20 幾分鐘。撈去表面的浮沫，以去除雜質。加入去皮且鑲入丁香的洋蔥、切半的胡蘿蔔、香草束、粗粒灰鹽和醋。煮約 1 小時，煮至豬舌軟化，用刀尖確認狀況。煮好後，趁熱剝除豬舌的皮。用漏斗型濾器過濾烹煮高湯，將湯汁收乾至剩下 2/3。在一碗冷水中將吉利丁片泡開。將豬舌從長邊切成 3×10 公分的條狀。在濃縮高湯中加入預先擰乾的吉利丁稀釋。用刷子沾水濕潤紫菜，在每片紫菜的中央並排放上 2 塊豬舌，接著捲起。切去兩端，用保鮮膜包好，形成圓柱狀。冷藏保存 1 小時。

香菜奶油醬
清洗整把的香菜，並將葉片摘下。用大量的鹽水燙煮葉片 5 分鐘，接著放涼。將香菜梗和紅蔥頭切碎，將西洋芹切成細碎。在平底煎鍋中，用橄欖油全部炒出汁，倒入諾麗香艾酒，濃縮湯汁並混入鮮奶油。煮沸。連同燙煮的香菜葉一起倒入果汁機中攪打。最後加入橄欖油，過濾，保存在一層冰塊上。

擺盤
打開牡蠣。在湯盤中擺上 1 卷預先去掉保鮮膜且切成約 5 公分厚的紫菜豬舌卷。在周圍倒入香菜奶油醬，在紫菜豬舌卷表面擺上 1 顆生牡蠣。用萬壽菊花瓣裝飾。

QUENELLES DE BROCHET ET BISQUE ÉPICÉE
梭形白斑狗魚丸佐辛香法式濃湯

6 人份

準備時間
40 分鐘

烹調時間
1 小時 50 分鐘

冷藏時間
30 分鐘

冷凍時間
20 分鐘

保存時間
冷藏 3 日

器材
漏斗型網篩
梭形匙 2 支
漏勺
食物處理機
密封袋
溫度計

食材

梭形白斑狗魚丸餡 Appareil à quenelles de brochet

淡菜汁或家禽白色高湯）100 克

奶油 35 克＋80 克
鹽 3 克＋6 克
胡椒 1 克＋1 克
T45 麵粉 80 克
白斑狗魚片 250 克
蛋 3 顆

辛香法式濃湯
Bisque épicée
茴香 75 克
紅蔥頭 100 克
番茄 375 克
岩魚骨 750 克
橄欖油 50 克
奶油 25 克
番茄糊 40 克
干邑白蘭地 60 克
白酒 125 克
家禽白色高湯 375 克
液態鮮奶油 150 克
卡宴辣椒 1 克
帕馬森乳酪絲

最後修飾
自選的生菜葉（例如紫酢漿草oxalis pourpre）幾片
橄欖油

魚丸餡

加熱淡菜汁、30 克的奶油、3 克的鹽和1 克的胡椒。煮沸時，加入麵粉，以小火煮 3 分鐘，一邊用刮刀攪拌。移至盤中，在表面覆蓋上保鮮膜，冷藏保存至全部變冷且變硬。將白斑狗魚片切成 2 公分的寬，冷凍 20 分鐘，讓魚片充分冰涼。在變硬時，再切成約 2 公分的丁。將白斑狗魚塊放入食物處理機中，加入 6 克的鹽、胡椒，接著攪打 20 幾秒，打至形成均勻的團，並讓魚肉蛋白的口感更為突出。在魚肉糊中逐一混入蛋。最後加入略呈膏狀的 80 克奶油。移至不鏽鋼盆中，在表面覆蓋上保鮮膜，冷藏保存至烹煮的時刻。

辛香法式濃湯

將茴香和紅蔥頭切碎，接著將番茄切成 4 塊。將魚骨約略切碎，接著在平底煎鍋中以橄欖油和奶油煎炒。加入切碎的茴香和紅蔥頭。炒至稍微上色，接著加入番茄糊。拌勻，倒入干邑白蘭地和白酒溶出鍋底精華。將湯汁收乾一會兒，接著加入番茄塊和家禽白色高湯。以小火煮 1 小時，加入液態鮮奶油和卡宴辣椒粉。再煮 30 幾分鐘，用漏斗型網篩過濾。用加熱方式調整濃稠度，醬汁必須形成可塗層的濃稠質地，調整味道。在平底深鍋中，加熱 1 公升的鹽水，將溫度調為約 90℃。用刮刀將魚丸餡拌軟。用預先浸泡過熱水的湯匙逐一塑出 6 個梭形魚丸。放入煮 15 分鐘，經常翻面。

擺盤

用漏勺取出梭形魚丸，擺在鋪有烤盤紙的烤盤上。撒上帕馬森乳酪，在烤架下方烤一會兒，烤至稍微上色。在湯盤底部舀入醬汁，在中央擺上梭形白斑狗魚丸。用你選擇的生菜葉片裝飾，最後再滴上幾滴橄欖油。

TRUCS ET ASTUCES DE CHEFS
必學主廚技巧

如果你想將梭形白斑狗魚丸冷凍，
可放入冷水中冷卻，瀝乾，
然後先以鋪上保鮮膜的盤子冷凍，
接著再放入密封袋。可保存1個月。

JOUES DE COCHON, POIREAUX ET RAVIGOTE
豬頰肉佐韭蔥和拉維哥特醬汁

4 人份

準備時間
2 小時

烹調時間
1 小時

冷藏時間
2 小時

保存時間
3 日

器材
漏勺
高 7 公分的
三角形凍派模
網篩

食材

豬頰肉
Joues de cochon
豬頰肉 500 克
胡蘿蔔 1 根
洋蔥 1 顆
丁香 3 顆
黑胡椒 5 粒
百里香 1 小枝
月桂葉 1 片
白酒 50 毫升
粗粒灰鹽

韭蔥
嫩韭蔥（poireaux crayon）6 根
粗粒灰鹽

拉維哥特醬汁
Ravigote
蛋 1 顆
紅蔥頭 50 克
龍蒿 ¼ 束
龍蒿芥末（moutarde à l'estragon）10 克
香葉芹（cerfeuil）¼ 束
蘋果酒醋 50 毫升
葡萄籽油 100 毫升
鹽、胡椒

最後修飾
油炸用油
三色菫（Fleurs de pensée）

豬頰肉
用鋒利的刀輕輕劃過皮下，將豬頰肉取下。將加鹽冷水煮沸，燙煮豬頰肉，撈去表面浮沫以去除雜質，接著加入切成碎塊的胡蘿蔔和洋蔥、百里香、月桂葉、胡椒粒，以及白酒。用粗鹽調味，微滾 35 至 40 分鐘，直到豬頰肉熟透。將豬頰肉取出，接著將湯汁濃縮。

韭蔥
切去韭蔥的根，用水龍頭的熱水清洗數次。從韭蔥的頂端切開，也用熱水清洗，保留少許蔥綠切絲油炸用。用大量加了鹽的沸水燙煮韭蔥，燙煮後放入冷水冰鎮。剝去第一層外皮，切成長 10 公分的小段，火燒或擺在烤箱的烤架上，以 180°C（溫控器 6）烤 10 分鐘。

組裝
將豬頰肉切成 5 公分的塊狀。在三角形的凍派模內鋪上燙煮過的韭蔥葉，擺上切好的豬頰肉，接著倒入濃縮的烹煮高湯。冷藏保存 2 小時。

拉維哥特醬汁
在沸水中煮蛋 9 至 10 分鐘，煮至蛋變硬。將紅蔥頭切碎。將龍蒿和香葉芹的葉片摘下，切碎。用醋將鹽和胡椒拌開。加入芥末、紅蔥頭和香草，並在最後一刻混入過篩的水煮蛋。用油攪打均勻。

擺盤
油炸韭蔥的根和蔥綠絲幾分鐘。在餐盤中擺上烤韭蔥段、2 片厚厚的豬頰肉凍派，再淋上拉維哥特醬汁。擺上油炸韭蔥的根和蔥綠絲，接著撒上三色菫花瓣。

CROQUETAS
AU JAMBON SERRANO
索蘭諾火腿可樂餅

10 人份

準備時間
1 小時

加熱時間
15 分鐘

冷藏時間
2 小時

冷凍時間
30 分鐘

保存時間
3 至 4 日

器材
打蛋器
油炸鍋（Friteuse）
手持電動攪拌棒
擠花袋＋直徑 1.3 公分的圓口花嘴

食材

可樂餅 Croquetas
索蘭諾火腿（Jambon de Serrano）120 克
洋蔥 ½ 顆
奶油 50 克
麵粉 150 克
全脂牛乳 500 毫升
蛋黃 1 顆
湯德山羊乳酪（tomme de chèvre）80 克
艾斯佩雷辣椒粉（piment d'Espelette）½ 小匙
油炸用油
鹽

裹粉 Panure
蛋白 200 克
麵粉 200 克
麵包粉（chapelure）200 克

大蒜醬 Sauce toum
大蒜 70 克
檸檬汁 60 克
蛋白 60 克
芥花油 300 克

最後修飾
紅椒（piquillos）4 根

可樂餅
將索蘭諾火腿切成3至4公分的細條。將洋蔥切碎。在平底深鍋中，將奶油加熱至融化，接著加入切碎的洋蔥，以小火炒5分鐘，但不要上色。加入麵粉，製作油糊（roux），炒2分鐘，同樣不要上色。用打蛋器緩緩摻入牛乳。將混合物煮至濃稠，再煮2分鐘。離火，加入蛋黃，拌勻後重新開火，快速煮沸。加入索蘭諾火腿條、湯德山羊乳酪和艾斯佩雷辣椒粉。調整味道，接著移至容器中，冷藏保存2小時。填入裝有圓口花嘴的擠花袋，擠出5條長35公分的長條，接著冷凍30幾分鐘。將長條切成7公分的管狀，以製作25顆可樂餅。

裹粉
將每條可樂餅依序放入蛋白中，沾裹上麵粉，接著再沾裹上麵包粉。重複同樣的步驟一次，再次裹上蛋白、麵粉和麵包粉。

大蒜醬
為大蒜去皮、去芽，用沸水燙煮一次，直到再度沸騰。在碗中放入大蒜、檸檬汁和蛋白，接著用手持電動攪拌棒緩緩加入芥花油，打發至形成類似美乃滋的醬汁。移至容器中，冷藏保存至擺盤的時刻。

烹調
分批油炸可樂餅，一次炸6顆，炸至呈現漂亮的金黃色。逐一擺在吸水紙上瀝乾。保溫。

擺盤
在每顆可樂餅上擺上1小片紅椒和擠上少許大蒜醬後享用。

RÂBLE DE LAPIN GIBELOTTE, CONDIMENT DE PRUNEAUX

白酒燴兔背肉佐黑棗配菜

6 人份

準備時間
2 小時

烹調時間
1 小時

冷藏時間
1 個晚上

保存時間
5 日

器材
錘肉板（Batte de cuisine）
果汁機
細孔漏斗型濾器（Chinois fin）
燉鍋
裝有花嘴的擠花袋
網篩
20×15 公分且高 12 公分的凍派模

食材

白酒燴兔背肉 Râble de lapin gibelotte
兔背肉（râbles de lapin）3 塊
鹽膚木（sumac）20 克
鹽、胡椒

白酒高湯 Bouillon de gibelotte
胡蘿蔔 2 根
紅蔥頭 200 克
龍蒿 1 束
香草束（bouquet garni）1 束
胡椒 5 粒
不甜白酒（vin blanc sec）100 毫升
吉利丁 12 片

黑棗配料 Condiment de pruneaux
黑棗乾 400 克
紅酒 400 毫升
礦泉水 200 毫升
肉桂棒 1 根
八角茴香（anis étoilés）2 顆
巴薩米克醋 50 毫升
吉利丁 10 片
（Bloom 200）

蔬菜
菠菜葉 1 公斤
迷你胡蘿蔔 8 根
粗粒灰鹽

白酒燴兔背肉
為兔背肉去骨，將肉取下。用鹽膚木、鹽和胡椒調味。包上保鮮膜，形成 3 條，接著用蒸烤箱以 100°C 蒸烤 15 分鐘。冷藏保存 30 分鐘。用錘肉板將兔背肉的骨頭搗碎。將胡蘿蔔和紅蔥頭切成小塊。

白酒高湯
將所有材料放入燉鍋中，微滾 1 小時。用細孔的漏斗型濾器過濾，但不要按壓，形成兔肉澄清的高湯，接著在溫度達 40°C 時加入預先以冷水泡開並擰乾的吉利丁拌勻。預留備用。

黑棗配料
用溫水將黑棗乾泡開 30 分鐘。在放有香料的酒和礦泉水中，以小火慢燉 20 分鐘。倒入果汁機中攪打。用冷水將吉利丁泡開。將黑棗醬過篩，接著加入巴薩米克醋和吉利丁片拌勻。將黑棗配菜保存在擠花袋中。

蔬菜
用大量加了鹽的沸水燙煮菠菜葉，放入一盆冷水中冰鎮以保持顏色，將水分吸乾。將胡蘿蔔去皮，保留圓柱狀，同樣以大量加了鹽的沸水燙煮，接著冰鎮。

組裝
在凍派模內部鋪上保鮮膜，內部鋪上菠菜葉。交錯擺上兔肉和胡蘿蔔，並用擠花袋在兩者之間擠上黑棗配料。倒入白酒高湯，蓋上菠菜葉。為凍派模蓋上保鮮膜，冷藏保存一個晚上。

SAUMON À LA PARISIENNE
巴黎風味鮭魚

4 人份

準備時間
2 小時

烹調時間
30 分鐘

保存時間
3 日

器材
漏斗型濾器
水果挖球器
（Cuillère parisi-
enne）
料理刷
滴瓶（Pipette）
溫度計

食材

鮭魚 Saumon
新鮮鮭魚背肉
150 克×4 塊
鹽之花 40 克
橄欖油 50 毫升
鹽、胡椒

熱冷醬
Sauce chaud-froid
紅蔥頭 150 克
奶油 20 克
諾麗香艾酒（Noil-
ly-Prat）150 毫升
魚高湯（fumet de
poisson）500 毫升
35%的液狀鮮奶油
200 毫升
吉利丁 6 片（Bloom
200）

蔬菜球
櫛瓜 2 根
胡蘿蔔 2 根
圓蕪菁（navets
ronds）2 顆
粗粒灰鹽

最後修飾
英式芥末醬（mou-
tarde anglaise）10 克
鮭魚卵 50 克
馬鞭草花（fleurs de
verveine）20 克

鮭魚
為鮭魚背肉去骨，撒上鹽之花，靜置 20 分鐘以保留水分。用吸水紙擦乾，接著用刷子為每塊鮭魚背肉的每一面刷上橄欖油，以增加光澤。調味，為每塊鮭魚包上保鮮膜，用蒸烤箱以 80°C 蒸烤 10 分鐘，烤至內部溫度為 31°C。在常溫下放涼 45 分鐘。將鮭魚塊擦乾，接著移至網架上。

熱冷醬
在煎炒鍋中，用奶油將紅蔥頭炒至出汁，但不要上色。倒入諾麗香艾酒，接著濃縮湯汁，用魚高湯淹過。煮 20 分鐘，混入鮮奶油，煮沸，用漏斗型濾器過濾。加入預先泡開並擰乾的吉利丁，接著在 25°C 時淋在鮭魚背肉上。冷藏保存 2 小時。

蔬菜球
清洗蔬菜，為胡蘿蔔和蕪菁去皮，3 種都用挖球器挖成小球狀。以加了鹽的沸水燙煮每種蔬菜，煮好後放涼。

擺盤
用少量的水稀釋英式芥末醬，填入滴瓶，在餐盤上劃出 1 道道的條紋。在每塊熱冷鮭魚背肉兩旁擺上蔬菜球。放上鮭魚卵和幾朵馬鞭草花作為裝飾。

附錄

ANNEXES

Index des techniques 技術索引

Index des recettes 配方索引

Remerciements 致謝

我們感謝Marine Mora和Matfer Bourgetat集團以及
Mora商店提供的器具和設備。

www.matferbourgeat.com
www.mora.fr

Rina Nurra衷心感謝Clélia Ozier-Lafontaine和
Audrey Janet的信任，再度提供協助。Marc Alès、
Stéphane Jakic和Frédéric Lesourd等主廚的合作，
始終為視覺和味覺的探索帶來極大的樂趣。
還有Marie Nurra特別為這本書打造了鼓舞人心的陶瓷作品。